LUMINE-SE!

Lumin∎**Editora**

Título: Consciência - Uma Introdução ao Mistério da Mente

Título original: Conscious - A brief guide to the fundamental mystery of the mind
Autora: Annaka Harris
Copyright © 2019 by Annaka Harris.
All Rights Reserved

© Luminal Creation Lda, 2023
para a publicação em território português
1º Edição abril de 2023

Produção e Tradução: Jorge Bandeira
Design e Composição: Zarka Bandeira
Revisão: Miguel Martins Rodrigues
Capa: Tiago Albuquerque e Jorge Bandeira
Ilustrações: Jorge Bandeira (IA)

Impresso: ISBN 978-989-53910-5-9
E-Book: ISBN 978-989-53910-6-6

Visite-nos em: www.Luminal-Editora.pt

CONSCIÊNCIA
Uma Introdução ao Mistério da Mente

ANNAKA HARRIS

Lumina Editora

Para Sam, Emma e Violet

CONTEÚDOS

1
Um Mistério
ESCONDIDO À VISTA DE TODOS

Transferir imagem
original

A nossa experiência de consciência é tão intrínseca a quem somos que raramente notamos que algo misterioso está a acontecer. A consciência é a *própria experiência*, pelo que é fácil não reconhecermos a principal questão que em cada momento nos olha de frente: por que razão um conjunto de matéria no Universo tem a capacidade de ser consciente? Ignoramos este mistério como se a existência da consciência fosse óbvia ou um resultado inevitável da complexidade da vida, mas quando observamos mais de perto descobrimos que é um dos aspetos mais estranhos da realidade.

Pensar sobre a consciência pode despertar em nós a mesma satisfação que obtemos ao refletir sobre a criação do tempo ou a origem da matéria, invocando uma curiosidade íntima sobre nós e o mundo que nos rodeia. Quando era jovem, recordo-me de olhar para o céu e perceber que a minha habitual sensação de estar no chão com o céu acima de mim não era uma perceção totalmente exata. Fiquei intrigada com o facto de, apesar de ter aprendido que a gravidade nos puxa para a terra enquanto orbitamos o Sol – e que na verdade não existe um «para cima» e «para baixo» –, a minha sensação de estar aqui no chão, sob o céu, permanecia inalterada. Para mudar a minha perspetiva, por vezes, deitava-me ao ar livre com os braços e pernas estendidos, absorvendo o máximo possível do céu e do horizonte. Na tentativa de me libertar da sensação familiar de estar aqui em baixo, com a Lua e as estrelas acima de mim, relaxava todos os músculos – rendendo-me à força que firmemente me segurava à superfície do nosso planeta – e concentrava-me na realidade da minha situação: *Estou a flutuar pelo Universo nesta esfera gigantesca ... à boleia, suspensa pela gravidade.* Deitada, podia sentir que estava de facto a olhar *para o céu* e não para *cima*. O prazer que experienciei teve a sua génese no silenciamento temporário de uma falsa intuição e do breve vislumbre de uma realidade mais abrangente: a nossa presença na Terra não nos separa do resto do Universo; de facto, estamos e sempre estivemos no espaço exterior.

Este livro pretende desafiar os nossos pressupostos diários acerca do mundo em que vivemos. Alguns factos são tão importantes e tão contraintuitivos (a matéria é maioritariamente constituída por espaço vazio; a Terra é uma esfera giratória num dos milhares de milhões de sistemas solares da nossa galáxia; organismos microscópicos causam doenças, e assim por diante), que precisamos de os recordar uma e outra vez, até permearem definitivamente a nossa cultura e se tornarem a fundação para uma nova forma de pensar. O mistério fundamental da consciência, um assunto profundamente desconcertante tanto para filósofos como para cientistas, ocupa um lugar especial entre tais factos. O meu objetivo ao escrever este livro é transmitir o entusiasmo que advém das supreendentes pesquisas sobre a consciência.

Antes de nos questionarmos sobre a consciência, devemos determinar em primeiro lugar de que estamos a falar. As pessoas usam a palavra de várias maneiras: por exemplo, referindo-se a um estado de vigília, a um sentido de individualidade ou à capacidade de autorreflexão. Porém, quando queremos salientar o atributo mais misterioso no âmago da consciência, é importante, inicialmente, focarmo-nos naquilo que a torna única. A definição mais básica de consciência é dada pelo filósofo Thomas Nagel no seu famoso ensaio «Como é ser um morcego?», a qual vou usar ao longo deste livro. A essência da explicação de Nagel é a seguinte:

> Um organismo é consciente
> quando existe algum tipo de
> experiência que possa ser atribuída
> a esse organismo[1].

Por outras palavras, a consciência é aquilo a que nos referimos quando falamos de uma experiência na sua forma mais básica. É *semelhante à experiência* do leitor neste momento? Presumivelmente, a sua resposta é «sim!». É *semelhante à experiência* da cadeira em que está sentado? A sua resposta será (muito provavelmente) «não!». É esta simples diferença – de haver ou não uma experiência presente – que constitui o meu entendimento da palavra «consciência» e que todos podemos usar como ponto de referência. Existe *algo em ser* um grão de areia, uma bactéria, um carvalho, um verme, uma formiga, um rato, um cão? Em algum ponto do espectro, a resposta é sim, e o grande mistério reside na razão pela qual as «luzes acendem» para alguns conjuntos de matéria no Universo.

Podemos até perguntar-nos: em que ponto do desenvolvimento de um ser humano a consciência inicia a sua existência? Imagine um blastocisto humano com apenas alguns dias de vida, consistindo apenas em cerca de duzentas células. Podemos assumir que, provavelmente, *não existe nada semelhante a uma experiência* neste conjunto microscópico de células. Mas, com o tempo, estas células multiplicam-se e lentamente tornam-se um bebé humano com um cérebro humano, capaz de detetar mudanças na luz e reconhecer a voz da mãe, mesmo quando está no útero. E, ao contrário de um computador, que também pode detetar a luz e reconhecer vozes, este processo é acompanhado por uma *experiência* de luz e som. Em qualquer ponto do desenvolvimento do cérebro de um bebé, a intuição diz-nos:

Certo, neste momento, uma experiência está ali a ser vivida; mas o mistério reside na transição. Primeiro, no que diz respeito à consciência, não há nada, e depois, de repente, como que por magia, no momento certo... *Alguma coisa.* Por muito pequena que seja essa *coisa* inicial, a experiência aparentemente desencadeia-se no mundo inanimado, materializando-se a partir da escuridão.

No fim de contas, uma criança é composta por partículas indistintas das que se movimentam à volta do Sol. As partículas que compõem o corpo do leitor foram outrora os ingredientes de inúmeras estrelas no passado do nosso Universo. Viajaram durante milhares de milhões de anos para aterrarem aqui – nesta configuração particular que é você – e estão agora a ler este livro. Imagine seguir a vida destas partículas desde a sua primeira aparição no espaço-tempo até ao preciso instante em que se organizaram de forma a começarem a *experienciar* algo.

A filósofa Rebecca Goldstein pinta um retrato maravilhosamente claro e lúdico do mistério:

> Certo, a consciência é uma questão de matéria – o que mais poderia ser, visto que é precisamente isso que *somos* –, mas, ainda assim, o facto de alguns pedaços de matéria terem uma vida interior (...) é diferente de quaisquer outras propriedades de matéria que já encontrámos, ou esperaremos encontrar. As leis da matéria em movimento podem produzir *isto*, tudo *isto*? De súbito, a matéria acorda e absorve o mundo[2]?

O momento em que a matéria se torna consciente parece, no mínimo, tão misterioso como o momento em que matéria e energia surgiram pela primeira vez. O mistério da consciência compete com outro grande enigma que atormenta o pensamento humano: como pode *algo* surgir do *nada*[3]? De igual modo, como é possível termos uma experiência a partir de matéria não senciente? O filósofo australiano David Chalmers chamou a isto o «problema difícil» da consciência[4]. Ao contrário dos «problemas fáceis», como explicar o comportamento animal ou compreender quais as funções que dão origem a certos processos cerebrais, o «problema difícil» está em compreender porque é que alguns destes processos físicos têm uma experiência associada a eles.

Por que razão certas configurações de matéria fazem com que essa matéria se ilumine com consciência?

2

Intuições

E ILUSÕES

Transferir imagem
original

Agora que temos uma definição funcional da consciência e do mistério que ela implica, podemos começar a desfazer-nos de algumas intuições comuns. As nossas intuições foram, de forma significativa, moldadas pela seleção natural de modo a proporcionarem rapidamente informação para a nossa sobrevivência. Estas intuições evolutivas, ainda hoje, nos podem servir na vida moderna. Por exemplo, em situações ameaçadoras, temos a capacidade de percecionar inconscientemente elementos à nossa volta que nos permitem uma avaliação quase instantânea do perigo – tal como uma intuição de que não devemos entrar num elevador com alguém, mesmo que não saibamos bem porquê. O nosso cérebro está muitas vezes a processar sinais úteis dos quais podemos não estar conscientes no momento: a outra pessoa que vai a entrar no elevador está ruborizada ou tem as pupilas dilatadas (ambos são sinais de um elevado nível de adrenalina e de uma iminente ação violenta), ou a porta do edifício, que normalmente está trancada, foi deixada entreaberta. Podemos saber que uma situação é perigosa sem termos ideia de como ou porquê. As nossas intuições também são moldadas através da aprendizagem, cultura e outros fatores ambientais. Por vezes, temos intuições úteis acerca de decisões da vida – como qual o apartamento a arrendar –, resultado de informações relevantes que o nosso cérebro adquiriu, e teve em consideração, através de processos inconscientes. De facto, a investigação sugere que os nossos «instintos» são muitas vezes mais fiáveis do que o raciocínio lógico[1].

Ainda assim, os nossos instintos também nos podem enganar e «intuições falsas» podem surgir de várias maneiras, especialmente nos domínios da compreensão – como a ciência e a filosofia –, que a evolução nunca poderia ter previsto. Considere as áreas de probabilidade e estatística, em que as nossas intuições são notoriamente pouco fiáveis: muitos de nós temos medo de voar, apesar de que, em termos estatísticos, precisaríamos de voar todos os dias durante cerca de 55.000 anos antes de estarmos envolvidos num acidente de avião fatal (vale a pena mencionar que, embora as pessoas não tenham normalmente ataques de pânico quando se preparam para uma viagem de carro ao supermercado, o nível de segurança em tais viagens é na realidade inferior em muitas ordens de grandeza quando comparado com uma viagem de avião)[2]. Na realidade, mal conseguimos conciliar as nossas intuições com alguns dos mais básicos factos científicos – a Terra pareceu-nos plana até que os avanços nas observações celestiais revelaram o contrário. De igual modo, em algumas áreas de estudo, tais como a física quântica, as nossas intuições não só são inúteis como também são um verdadeiro obstáculo ao progresso. Uma intuição é simplesmente a poderosa sensação de que algo é verdadeiro sem que tenhamos a consciência ou a compreensão das razões por detrás dessa sensação, que pode ou não representar algo verdadeiro sobre o mundo.

Neste capítulo, consideraremos as nossas intuições relativamente ao modo como identificamos se algo é ou não consciente e iremos descobrir que, por vezes, as respostas aparentemente óbvias se desfazem numa inspeção mais atenta. Gosto de começar esta exploração com duas perguntas que à primeira vista parecem enganosamente simples de responder. Anote as respostas que lhe ocorrem primeiro e mantenha-as em mente enquanto exploramos algumas das usuais intuições e ilusões.

1. Num sistema que sabemos ter experiências conscientes – o cérebro humano –, quais as evidências de consciência que podemos detetar a partir do *exterior*?

2. A consciência é essencial ao nosso comportamento?

Estas duas perguntas sobrepõem-se de várias formas relevantes, mas é mais esclarecedor tratá-las separadamente. Consideremos primeiro a possibilidade de a experiência consciente existir sem qualquer expressão para o exterior (pelo menos, num cérebro). Um exemplo notável disto é a condição neurológica chamada síndrome do encarceramento, na qual praticamente todo o corpo está paralisado, mas a consciência está totalmente intacta. Esta condição foi tornada famosa por Jean--Dominique Bauby, o falecido editor-chefe da revista francesa *Elle*, que engenhosamente concebeu uma forma de escrever sobre a sua história pessoal de estar «encarcerado». Após um derrame cerebral que o deixou paralisado, Bauby reteve apenas a capacidade de piscar o olho esquerdo. Surpreendentemente, os seus cuidadores repararam nos seus esforços para comunicar e, ao longo do tempo, desenvolveram um método pelo qual ele podia soletrar palavras através de um padrão de pestanejares, revelando assim todo o alcance da sua consciência. Bauby descreve esta experiência terrível no seu livro de memórias *The Diving Bell and the Butterfly*, de 1997, que escreveu em cerca de duzentos mil pestanejares. Claro que podemos presumir que a sua consciência não teria sido alterada de nenhuma forma se a sua pálpebra esquerda também tivesse sido afetada pela paralisia. Sem esta mobilidade, ele não teria nenhuma maneira de comunicar que estava plenamente consciente.

Outro exemplo de prisão corporal é uma condição chamada «despertar intraoperatório», na qual um paciente, a quem foi dado um anestésico geral para um procedimento cirúrgico, fica paralisado sem perder a consciência. As pessoas nesta condição devem viver o pesadelo de sentir todos os aspetos de um procedimento médico, por vezes tão drástico como a remoção de um órgão, sem a capacidade de se moverem ou comunicarem que estão completamente acordadas e a sentir dor. Este exemplo e o anterior parecem sair diretamente de um filme de terror, mas podemos imaginar outras situações menos perturbadoras em que uma mente consciente possa não ter a capacidade de expressão — cenários que envolvem inteligência artificial (IA), por exemplo, em que um sistema avançado se torna consciente, mas não tem forma de o comunicar de maneira convincente. Uma coisa é certa: é possível uma experiência vívida de consciência existir sem ser detetada a partir do exterior.

Agora, voltemos à primeira questão e perguntemo-nos: o que pode qualificar-se como prova de consciência? Na maioria das vezes, julgamos poder determinar se um organismo é ou não consciente ao examinarmos o seu comportamento. Analisemos uma simples suposição que a maioria de nós faz de acordo com as nossas intuições e que podemos usar como ponto de partida: «As pessoas estão conscientes; as plantas não estão conscientes.» A maioria de nós, seguramente, concorda que esta afirmação é correta, e existem boas razões científicas para acreditar nisso. Assumimos que a consciência não existe na ausência de um cérebro ou de um sistema nervoso central. Porém, que evidência ou comportamento podemos observar para apoiar esta afirmação sobre a experiência relativa dos seres humanos e das plantas? Considere os tipos de comportamento que normalmente atribuímos à vida consciente, tais como reagir a danos físicos ou cuidar dos outros. A pesquisa revela que as plantas fazem estas duas coisas de forma complexa – embora, naturalmente, deduzamos que o fazem sem sentir dor ou amor (isto é, sem consciência). Contudo, alguns dos comportamentos das pessoas e das plantas são tão parecidos que isso representa de facto um desafio à legitimidade de certos comportamentos como sendo prova de uma experiência consciente.

No seu livro *What a Plant Knows: a Field Guide to the Senses*, Daniel Chamovitz descreve em fascinante detalhe como a estimulação de uma planta (por toque, luz, calor, etc.) pode causar reações semelhantes às dos animais em condições análogas. As plantas podem percecionar o ambiente através do toque e podem detetar muitos aspetos do meio envolvente de outras formas, incluindo a temperatura. Na realidade, é bastante comum as plantas reagirem ao tato: uma videira aumentará a sua velocidade e orientação de crescimento quando sentir um objeto por perto para se enrolar; a famosa dioneia *(dionaea muscipula)* consegue distinguir entre uma chuva forte ou uma rajada de vento, o que não provocará o fecho dos seus lóbulos, e a incursão de um nutritivo escaravelho ou sapo, que os fará fecharem-se num décimo de segundo.

Chamovitz explica como a estimulação de uma célula vegetal causa alterações celulares que resultam num sinal elétrico – semelhante à reação causada pela estimulação das células nervosas nos animais – e, «tal como nos animais, este sinal pode propagar-se de célula para célula e envolve a função coordenada dos canais iónicos, incluindo potássio, cálcio, calmodulina e outros componentes vegetais»[3]. O autor também descreve alguns dos mecanismos partilhados entre plantas e animais até ao nível do ADN. Na sua pesquisa, Chamovitz descobriu quais os genes responsáveis pela capacidade de uma planta determinar se está no escuro ou à luz, e acontece que estes genes também fazem parte do ADN humano. Nos animais, estes mesmos genes regulam as respostas à luz e estão envolvidos no «*timing* da divisão celular, no crescimento axonal dos neurónios e no bom funcionamento do sistema imunitário». Existem mecanismos análogos nas plantas para detetar sons, odores e localização, e até mesmo para formar memórias. Numa entrevista à revista *Scientific American*, Chamovitz descreve como diferentes tipos de memória desempenham um papel no comportamento das plantas:

> Se a caracterização da memória requer formar a memória (codificar informação), reter a memória (armazenar informação) e evocar a memória (recuperar informação), então, as plantas têm definitivamente memória. Por exemplo, para uma dioneia fechar os seus lóbulos, precisa que um inseto toque em dois dos filamentos, o que significa que se lembra de o primeiro filamento ser tocado (...) As plântulas de trigo lembram-se de que passaram pelo inverno antes de começarem a florescer e a criar sementes. De igual modo, algumas plantas, quando sujeitas a stresse, têm uma descendência mais resistente ao mesmo tipo de stresse, ou seja, uma forma de memória transgeracional que também foi recentemente observada em animais[4].

A ecologista Suzanne Simard conduz pesquisas em ecologia florestal, tendo o seu trabalho produzido avanços na compreensão da comunicação entre árvores. Numa palestra TED em 2016, ela descreveu a emoção de descobrir a interdependência de duas espécies de árvores na sua pesquisa sobre redes micorrízicas – elaboradas redes subterrâneas de fungos que ligam plantas individuais e transferem água, carbono, nitrogénio e outros nutrientes e minerais. Simard estava a estudar os níveis de carbono em duas espécies de árvores, o abeto-de-douglas e a bétula-do-papel, quando descobriu que as duas espécies estavam envolvidas «numa animada conversa de dois sentidos». Nos meses de verão, quando o abeto precisava de mais carbono, a bétula enviava-lhe mais carbono; noutras alturas, quando o abeto ainda estava a crescer, mas a bétula precisava de mais carbono porque não tinha folhas, o abeto enviava mais carbono para a bétula — revelando que as duas espécies eram de facto interdependentes. Igualmente surpreendentes foram os resultados de mais pesquisas conduzidas por Simard, mostrando que as «árvores-mãe» do abeto-de-douglas eram capazes de distinguir entre os seus próprios parentes e as plântulas de outras espécies vizinhas. Simard descobriu que as árvores-mãe colonizavam os seus parentes com redes micorrízicas maiores, enviando-lhes mais carbono por debaixo do solo. As árvores-mãe também «reduziram o seu próprio crescimento de raízes para darem espaço aos seus filhos» e, quando feridas ou moribundas, enviavam mensagens através do carbono e comunicavam outros sinais de defesa às suas plântulas, aumentando a resistência destas às pressões ambientais locais[5]. Da mesma forma, ao espalharem toxinas através de redes fúngicas subterrâneas, as plantas são também capazes de combater as espécies ameaçadoras. Devido às vastas interligações e funções destas redes micorrízicas, elas têm sido referidas como a «Internet natural da Terra»[6].

Ainda assim, podemos facilmente imaginar plantas a exibir os comportamentos aqui descritos sem que exista *algo como a experiência de ser* uma planta; por outras palavras, a existência de um comportamento complexo não é evidência de um sistema ser ou não consciente. Podemos analisar as nossas intuições sobre o comportamento de outro ângulo, perguntando: «Será que um sistema precisa de consciência para exibir certos comportamentos?» Por exemplo, será que um robô sofisticado precisaria de estar consciente para confortar o seu dono quando o visse a chorar? A maioria de nós provavelmente responderia: «Não necessariamente.» Há pelo menos uma empresa de tecnologia a criar vozes computadorizadas indistinguíveis das humanas[7]. Se concebermos uma IA que um dia comece a dizer coisas como «Por favor, pare, isso dói!», devemos considerar isso como prova de consciência, ou simplesmente de uma programação complexa em que as «luzes» estão apagadas?

Assumimos, por exemplo, que um algoritmo totalmente não consciente está por detrás da crescente capacidade do Google para adivinhar com precisão o que estamos a procurar, ou por detrás da capacidade do Microsoft Outlook para fazer sugestões sobre a quem pensamos enviar o nosso próximo *e-mail*. Não ponderamos que o nosso computador esteja consciente, muito menos que se preocupe connosco, mesmo quando sugere o contacto do tio João, lembrando-nos de o incluir no anúncio do nascimento do bebé. O *software* aprendeu obviamente que o tio João é normalmente incluído nos *e-mails* para o pai e para a prima Luísa, mas nunca temos o impulso de dizer: «Ei, obrigado, que atencioso da tua parte!» Contudo, é concebível que as futuras técnicas de aprendizagem profunda permitirão a estas máquinas exprimir pensamentos e emoções aparentemente conscientes (dando-lhes poderes para manipular as pessoas). O problema é que tanto os estados conscientes como os não conscientes parecem ser compatíveis com qualquer comportamento, mesmo aqueles associados à emoção, pelo que um comportamento em si mesmo não sinaliza necessariamente a presença de consciência.

De repente, as nossas respostas automáticas à pergunta 1, «O que constitui uma prova de consciência?», começam a dissolver-se. Isto leva-nos à pergunta 2, sobre se a consciência desempenha ou não uma função essencial – ou tem qualquer efeito de todo – no sistema físico que é consciente[8]. Em teoria, eu poderia agir da mesma forma e dizer as mesmas coisas sem ter uma experiência consciente disso, tal como poderia um robô sofisticado (embora, reconhecidamente, seja difícil de imaginar). Esta é a essência de uma experiência mental referida como o «*zombie filosófico*», tornada popular por David Chalmers. Chalmers pede para imaginarmos uma pessoa como sendo um *zombie* – alguém que exteriormente se parece e age como toda a gente, mas sem qualquer tipo de experiência interior. Esta experiência mental do «*zombie filosófico*» é controversa, e outros filósofos, nomeadamente Daniel Dennett, da Universidade Tufts, afirmam que o que ela propõe é impossível – um cérebro humano plenamente funcional deve ser, por definição, consciente. Mas vale a pena contemplar a possibilidade de um *zombie*, quanto mais não seja em teoria, porque nos ajuda a determinar quais os comportamentos, se é que existe algum, *obrigatórios* de serem acompanhados pela consciência.

O objetivo é assim excluir o maior número de falsas suposições, sendo esta experiência mental particularmente útil, quer um *zombie* seja ou não compatível com as leis da natureza. Imagine que alguém na sua vida é de facto um *zombie* inconsciente ou uma IA (pode ser qualquer pessoa, desde um desconhecido atrás do balcão de uma loja até um amigo próximo). No momento em que testemunha um comportamento nesse indivíduo que você julga coincidir com uma experiência interior, pergunte-se a si mesmo: porquê? Que papel parece desempenhar a consciência no comportamento dessa pessoa? Digamos que o seu amigo *zombie* testemunha um acidente de carro, parecendo ficar visivelmente preocupado, e pega no telemóvel para chamar uma ambulância. Será que ele pode estar a passar por estas ações sem experienciar ansiedade e preocupação, ou sem um processo de pensamento consciente que o leve a fazer a chamada e a descrever o que aconteceu? Poderia isto tudo acontecer mesmo sendo ele um robô, sem uma experiência emocional a motivar o seu comportamento?

Descobri que a experiência mental do *zombie* também é capaz de influenciar o nosso pensamento muito para além da sua função pretendida. Quando imaginamos o comportamento humano existindo à nossa volta com total ausência de consciência, esse comportamento começa a assemelhar-se a muitos dos comportamentos que vemos no mundo natural e que sempre presumimos não serem conscientes, como, por exemplo, o comportamento de uma estrela-do-mar, que mesmo sem possuir um sistema nervoso central[9] consegue evitar obstáculos. Por outras palavras, quando nos enganamos a imaginar que as pessoas não têm consciência, podemos começar a pensar se de facto estamos a enganar-nos o *tempo todo* ao considerarmos que outros sistemas vivos – por exemplo, a hera ou as anémonas-do-mar – também não a têm. Temos uma intuição profundamente enraizada, e portanto uma forte convicção de que os sistemas que agem como nós são conscientes e que aqueles que não agem não o são. Mas o que a experiência mental do *zombie* me demonstra é que a conclusão que tiramos desta intuição não tem um fundamento real. Tal como uma imagem em 3D, ela desaba no momento em que tiramos os óculos.

3

Será a
CONSCIÊNCIA LIVRE?

Transferir imagem
original

À medida que vivemos o nosso quotidiano, experienciamos o que parece ser um fluxo contínuo de eventos do momento presente, mas, na realidade, tornamo-nos conscientes dos eventos físicos no mundo um pouco *depois* de eles terem ocorrido. De facto, uma das descobertas mais surpreendentes em neurociência tem sido que a consciência é muitas vezes «a última a saber». Informação visual, auditiva e outros tipos de informação sensorial movem-se através do mundo (e do nosso sistema nervoso) a ritmos diferentes. As ondas de luz e de som emitidas no momento em que a bola de ténis entra em contacto com a raquete, por exemplo, não chegam aos olhos e ouvidos simultaneamente, e o impacto sentido pela mão a segurar a raquete ocorre ainda noutro intervalo de tempo. Para complicar ainda mais a situação, os sinais interpretados pelas mãos, pelos olhos e pelos ouvidos percorrem distâncias diferentes através do sistema nervoso para alcançar o cérebro (as mãos estão mais longe do cérebro do que os ouvidos). Só depois de toda a informação relevante ter sido recebida pelo cérebro é que os sinais são sincronizados e introduzidos na experiência consciente através de uma ação denominada por *conjugação de processos* – com a qual se vê, ouve e sente a bola a bater na raquete, tudo no mesmo instante. Como diz o neurocientista David Eagleman:

> A sua perceção da realidade é o resultado de truques de edição sofisticados: o cérebro esconde a diferença dos tempos de chegada. Como? Na verdade, o que serve de realidade é uma versão atrasada do que acontece. O seu cérebro recolhe toda a informação dos sentidos antes de decidir sobre a história do acontecimento (...) A estranha consequência de tudo isto é que o leitor vive no passado.

No instante em que pensa que o momento ocorre, na realidade, há muito que ele já sucedeu. Sincronizar a informação recebida dos sentidos tem um custo, o de a nossa perceção consciente estar sempre atrasada em relação aos acontecimentos do mundo físico[1].

Surpreendentemente, a nossa consciência também não parece estar envolvida em grande parte do nosso próprio comportamento para além de testemunhá-lo. Foram realizadas várias experiências fascinantes nesta área, e o neurocientista Michael Gazzaniga, no seu livro *The Mind's Past*, descreve algumas delas em detalhe num extraordinário capítulo intitulado «The Brain Knows Before You Do». Algumas destas experiências, as mais conhecidas realizadas por Benjamin Libet na Universidade da Califórnia, São Francisco, mostram que o cérebro prepara um complexo movimento motor do corpo antes de o leitor estar consciente da decisão de se mover. Nestas experiências, os sujeitos observam um relógio especial e, de acordo com um instrumento semelhante ao ponteiro dos segundos num relógio tradicional, marcam o momento exato em que decidem mover-se (um dedo, por exemplo). Porém, usando a EEG (eletroencefalografia), os investigadores podem detetar, de forma fiável, a atividade cortical que assinala estes movimentos iminentes cerca de meio segundo *antes de os sujeitos sentirem que tomam a decisão de se moverem*[2]. Versões mais sofisticadas destas experiências têm sido conduzidas desde então com a obtenção dos mesmos resultados[3]. Embora não seja claro como estes tipos de decisões motoras simples se relacionam com decisões mais complexas, como escolher o que comer ao almoço ou decidir entre duas ofertas de emprego, não há dúvida de que a neurociência moderna fornece-nos uma visão mais evolutiva e abrangente da mente humana. Temos agora razões para acreditar que com acesso a determinada atividade dentro do seu cérebro, outra pessoa pode saber o que o leitor vai fazer antes de o fazer.

A nossa intuição de que a consciência é responsável por certos comportamentos deriva da nossa experiência de fazer escolhas livres no mundo, uma vez que as nossas ações voluntárias estão ligadas de forma inextricável a um sentido de controlo consciente no momento presente. Quer seja uma simples decisão, de escolher água em vez de sumo de laranja, ou mais significativa como aceitar o emprego no Texas em vez de em Nova Iorque, sentimos convictamente que a consciência é necessária para os processos de pensamento (e mesmo para as preferências) envolvidos na tomada de uma decisão. Consequentemente, as descobertas sobre como as decisões são tomadas a nível do cérebro – e os milissegundos de atraso na nossa consciência da entrada sensorial e mesmo dos nossos próprios pensamentos – levaram muitos neurocientistas, incluindo Gazzaniga, a descreverem a sensação de vontade consciente como uma ilusão. Note-se que em tais experiências os sujeitos sentiram que estavam a fazer uma ação de livre vontade que, na realidade, já tinha sido posta em marcha antes de sentirem que tinham tomado a decisão de se moverem.

O argumento de a vontade consciente ser uma ilusão é reforçado pelo facto de essa ilusão poder ser intencionalmente desencadeada e manipulada. Os investigadores conseguiram desencadear nos sujeitos a sensação de terem livre-arbítrio quando, na realidade, eles não tinham qualquer controlo. Parece que, sob as condições certas, é possível convencer as pessoas de que elas iniciaram conscientemente uma ação que, na prática, foi controlada por outra pessoa. Diversos estudos semelhantes

foram conduzidos pelos psicólogos Daniel Wegner e Thalia
Wheatley. Wegner explica:

> Nesta experiência, um participante coloca as mãos sobre
> uma pequena placa que está pousada em cima de um ra-
> to de computador, o qual move o cursor num ecrã. O ecrã
> tem uma variedade de objetos diferentes com imagens
> do livro *I-Spy* – neste caso, pequenos brinquedos de plás-
> tico. O nosso colaborador também está na sala; ambos
> têm auscultadores ligados e, simultaneamente, são soli-
> citados a mover o cursor sobre o ecrã e a parar sobre um
> objeto durante poucos segundos sempre que ouvem mú-
> sica. (...) Na maior parte do tempo, também ouvem sons
> exteriores aos auscultadores, alguns dos quais são no-
> mes de coisas que estão a ver no ecrã. O momento prin-
> cipal da experiência ocorre quando, em alguns ensaios,
> é pedido ao colaborador que force o nosso sujeito a pa-
> rar o cursor sobre um determinado objeto, de modo que
> não o faça livremente, mas tenha sido forçado. É como
> se alguém estivesse a fazer batota num tabuleiro *ouija*.
> Transmitimos o nome do objeto ao nosso participante
> num intervalo de tempo, antes ou depois de ele ser força-
> do a mover-se, e descobrimos que, se pusermos esse som
> apenas um segundo antes de ele ser forçado a mover-se,
> ele relata tê-lo feito intencionalmente. (...) A sensação de
> controlo pode ser enganadora – e, no entanto, fazemos
> a nossa vida diária sentindo o oposto[4].

Portanto, que função desempenha a consciência se não está a criar a vontade de se mover, mas meramente a observar
o movimento a ser executado, sempre sob a ilusão de que está

envolvida? Claramente, podemos ver como a sensação de livre-
-arbítrio, como normalmente a experienciamos, não é tão simples como parece. E, se afastarmos esta noção comum, podemos
começar a questionar a ideia de que a consciência desempenha
um papel integral na orientação do comportamento humano.

É importante esclarecer que, ao falar sobre as origens do livre-arbítrio neste contexto, refiro-me especificamente à sensação de uma vontade *consciente*. Desta forma, sinalizo a principal
ilusão que nos acompanha diariamente: que somos «eus» distintos e separados. Separados não só daqueles que nos rodeiam
e do mundo exterior, mas até do nosso próprio corpo, como
se de alguma forma a nossa experiência consciente flutuasse
livremente no mundo material. Por exemplo, como todas as
pessoas, tenho a tendência absurda de considerar o «meu corpo» (incluindo a «minha cabeça» e o «meu cérebro») como algo
onde habita a minha vontade consciente – quando, na verdade,
tudo o que penso como sendo «eu» depende do funcionamento
do meu cérebro. Mesmo as mais ligeiras alterações neuronais,
por intoxicação, doença ou lesão, podem tornar o «eu» irreco-
nhecível. No entanto, não consigo abandonar a falsa intuição
de que poderia até decidir deixar o meu corpo (se descobrisse
alguma forma de o fazer) e tudo o que constitui o «eu» perma-
neceria de alguma forma magicamente intacto. É fácil de ver
como os seres humanos em todo o mundo, geração após geração, construíram facilmente várias noções de «alma» e descrições de vida após a morte que se assemelham nitidamente com
a vida antes da morte.

Contudo, o cérebro como sistema tem de facto uma forma
de livre-arbítrio – no sentido em que toma decisões e faz escolhas com base em informações externas, objetivos internos e
raciocínios complexos. No entanto, quando discuto a ilusão da

vontade consciente, estou a falar da ilusão de que a *consciência é a própria vontade*[5]. O conceito de uma vontade livre e consciente parece ser incoerente – sugere que a vontade de alguém está separada e isolada do restante ambiente, mas, paradoxalmente, é capaz de influenciar o seu ambiente fazendo escolhas dentro dele.

Num evento em que participei, foi perguntado ao meu amigo e professor de meditação, Joseph Goldstein, se acreditava que o ser humano tinha a capacidade de livre-arbítrio. Ele respondeu à pergunta com uma clareza surpreendente dizendo que não conseguia sequer perceber o que o termo poderia significar. O que significa termos uma vontade independente das relações de causa e efeito do Universo? Enquanto ele gesticulava, tentando apontar para este livre-arbítrio imaginário, perguntou: «Como podemos sequer tentar imaginar tal vontade a flutuar por aí?»

No entanto, por razões éticas, muitos discordam da afirmação de que a vontade consciente é uma ilusão, considerando que as pessoas devem ser responsabilizadas pelas suas escolhas e pelo seu comportamento. Mas as pessoas podem (e devem) ser responsabilizadas pelos seus atos por várias razões; as duas crenças não são necessariamente contraditórias. Ainda podemos reconhecer a diferença entre as ações premeditadas e lúcidas e as que são causadas por doenças mentais ou outros distúrbios da mente/cérebro[6].

Imagine que estamos numa cidade do futuro e um carro de condução autónoma atinge um peão. A resposta a este infeliz acontecimento dependeria da razão pela qual o carro não parou. Se se verificar que o seu *software* tem um erro e não consegue detetar os peões quando estes estão vestidos com casacos escuros de inverno, por exemplo, isso exigiria uma resposta.

Se os sensores do carro avariassem devido a um defeito específico daquela viatura em particular, isso iria requerer uma resposta diferente. Porém, se o carro bateu no peão porque evitava colidir com um autocarro cheio de pessoas, o qual seria desviado para o trânsito em sentido contrário, veríamos esta situação (e reagiríamos) de forma muito diferente dos dois primeiros cenários – seria um «sucesso» da tecnologia do carro, em vez de uma falha. Ter conhecimento de que um carro de condução autónoma bateu num peão não é informação suficiente que nos ajude a prevenir futuras infrações desse veículo nem melhora a construção de automóveis.

É importante notar que, nestas reflexões sobre carros de condução autónoma, a consciência nunca fez parte da discussão. Contudo, o cérebro pode ser visto de forma análoga quando se trata da vontade consciente. Saber *porque é que* alguém se comportou de forma violenta, por exemplo, será sempre relevante. Existe uma série de comportamentos humanos que podem ter como causa a dissuasão, resultados negativos e empatia, bem como incutir no desenvolvimento cerebral das crianças a autorregulação e o autocontrolo – e todos os outros métodos que as sociedades civilizadas usam para manter os seres humanos (geralmente) bem-comportados.

O cérebro altera continuamente o seu comportamento em resposta aos estímulos. Do mesmo modo, altera-se e desenvolve-se através da memória, da aprendizagem e do raciocínio interno. Com a orientação adequada, deixamos de nos atirar para o chão e de bater com os punhos quando não conseguimos o que queremos. Não poderíamos conseguir isto sem conceitos como responsabilidade, compromisso e consequências. Contudo, em situações em que as habituais pressões sociais são impotentes (quando alguém sofre de alucinações esquizofrénicas, por exemplo), faz sentido tratar essa pessoa e o seu comportamento de modo diferente das que são sujeitas a essas pressões. De forma semelhante, compreender as causas de um comportamento violento oferece-nos informação relevante sobre o tipo de «programa» que o cérebro de alguém está a utilizar. Uma pessoa que planeia múltiplos assassinatos tem um cérebro que funciona de forma muito diferente de alguém que tem um AVC enquanto conduz e mata acidentalmente várias pessoas.

Pode parecer paradoxal falar de ética neste contexto pelo facto de a consciência ser essencial para as questões éticas. Sendo um domínio que diz respeito ao sofrimento, todas as conversas sobre a ética são sobre a *experiência* de algo. Porém, como o cérebro é um sistema de processamento físico, alguns dos seus objetivos podem ser de natureza ética – nomeadamente, minimizar o número de eventos que causam sofrimento – e, nesse aspeto, os nossos cérebros são idênticos aos dos automóveis de condução autónoma mencionados anteriormente. Apesar de estarmos a falar em modificar uma experiência consciente, a consciência em si não controla necessariamente o sistema; tudo o que sabemos é que a consciência experiencia o sistema. Não é contraditório dizer que a consciência é essencial para as preocupações éticas, mas é irrelevante no que diz respeito à vontade.

Distinguir os comportamentos intencionais do cérebro dos comportamentos causados por danos cerebrais ou outras forças externas («contra a vontade de alguém») é válido e necessário, especialmente ao estruturar as leis de uma sociedade e os seus sistemas de justiça criminal. Mas a afirmação de que a vontade consciente é ilusória ainda se mantém – no sentido de não ser a consciência a «conduzir o navio» – e pode ser mantida com outras distinções de intencionalidade e responsabilidade.

As experiências descritas neste capítulo não são obrigató-rias para comprovar este argumento. A nossa experiência é suficiente para revelar a ilusão, e o leitor pode entender isto realizando um simples exercício. Sente-se num lugar calmo e dê a si mesmo uma escolha – levantar o braço ou o pé – que deve ser feita antes de uma determinada hora (antes de o ponteiro dos segundos do relógio chegar às seis, por exem-plo). Faça-o uma e outra vez e observe de perto o que sente a cada momento. Repare como esta escolha é feita em tempo real e como é sentida. De onde vem a decisão? É você que *escolhe quando decide*, ou a decisão simplesmente surge na sua experiência consciente? Será que uma consciência livre e «flu-tuante» transmite de alguma forma o pensamento «*Move o teu braço!*», ou o pensamento é-lhe entregue a si? O que realmente o fez escolher o braço em vez do pé? Subitamente, é possível perceber que «você» (ou seja, a sua experiência consciente) não teve nenhuma influência na escolha.

Parece claro que não podemos decidir o que pensar ou sen-tir, tal como também não podemos decidir o que ver ou ouvir. Uma convergência altamente complicada de fatores e aconteci-mentos passados – incluindo os nossos genes, a nossa história de vida pessoal, o nosso ambiente imediato e o estado do nosso cérebro – é responsável por cada pensamento seguinte. Deci-diu lembrar-se da sua banda da escola quando aquela música começou a tocar na rádio? Decidi escrever este livro? Em certo sentido, a resposta é sim, mas o «eu» em questão não é a mi-nha experiência consciente. Na realidade, o meu cérebro, em conjunto com a sua história e o mundo exterior, decidiu. Eu (a minha consciência) simplesmente testemunhei o desenrolar das situações.

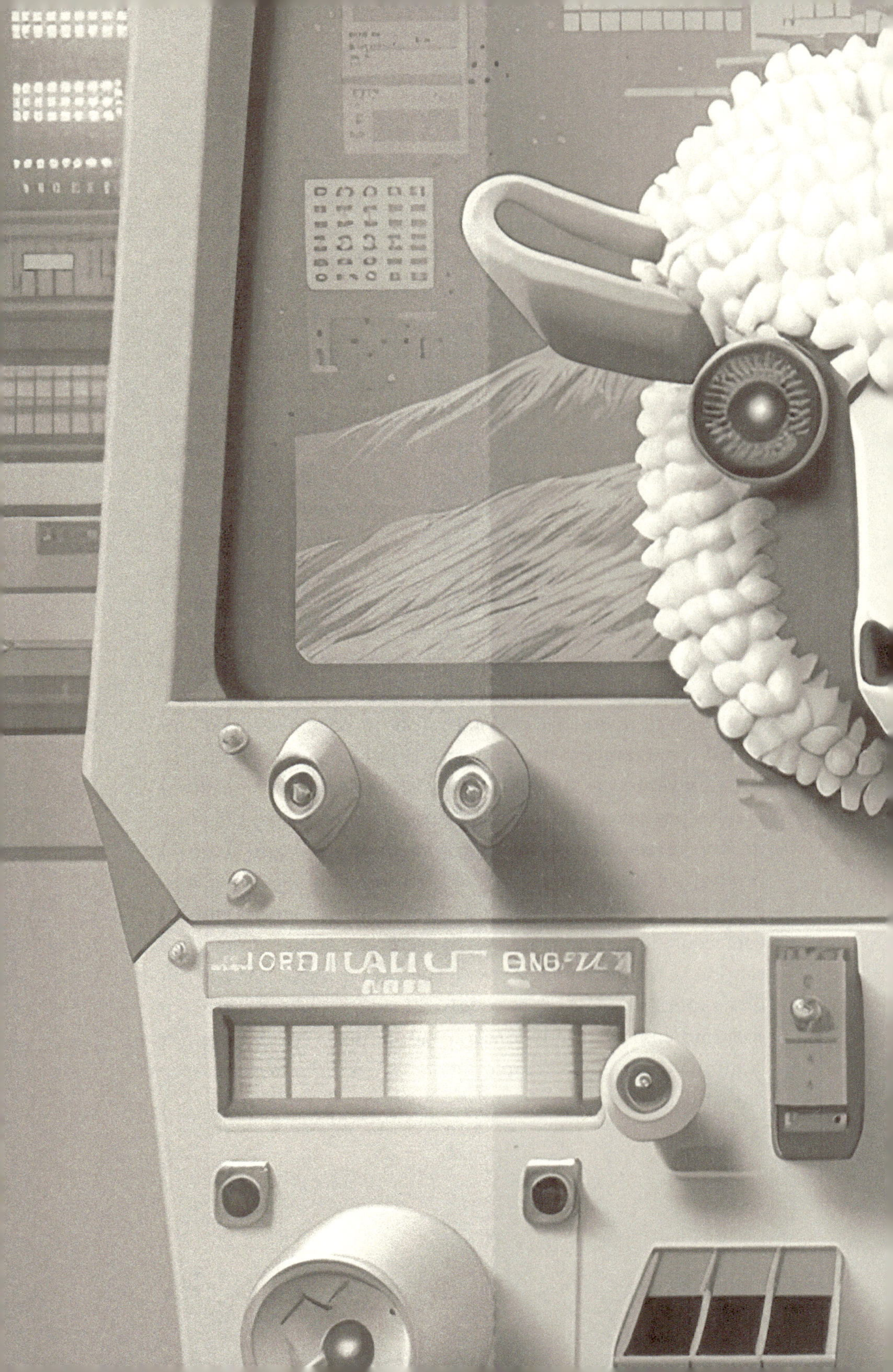

4
Participação
PASSIVA

Transferir imagem
original

Outra fonte de exemplos que viram as nossas intuições de pernas para o ar e desafiam a noção típica do livre-arbítrio pode ser encontrada no estudo dos parasitas e de como eles afetam o comportamento dos seus hospedeiros. O *Toxoplasma gondii* é um parasita microscópico que pode infetar todos os animais de sangue quente, mas apenas se reproduz sexualmente nos intestinos de um gato. Embora possa sobreviver em qualquer mamífero, tem obrigatoriamente de regressar a um felino para completar o seu ciclo de vida. O *Toxoplasma* infeta mais vulgarmente ratos, porque estes frequentam muitos dos mesmos locais que os gatos, tendo o parasita desenvolvido um brilhante, e extremamente assustador, mecanismo para superar o desafio de se transmitir dos ratos, que têm um medo profundamente enraizado de gatos, de volta ao seu lar reprodutivo. Através de um mecanismo neurológico, que os cientistas ainda não compreendem na totalidade, o *Toxoplasma* afeta o comportamento dos ratos infetados, levando-os a abandonar o medo de gatos e, em muitos casos, a caminhar (ou mesmo a correr) diretamente para o seu inimigo. O *Toxoplasma* cria centenas de quistos no cérebro do seu hospedeiro, causando o aumento dos níveis de dopamina. A dopamina é um neurotransmissor com um papel importante na mediação de emoções fortes como o desejo e o medo, ajudando a explicar muito do comportamento que vemos nos mamíferos infetados com o parasita. É possível que estes ratos sintam de alguma forma que estão a ser manipulados contra a sua vontade por uma força exterior, mas parece mais provável que a sua neuroquímica esteja a ser modificada, alterando assim os seus desejos e medos: não só já não sentem medo dos gatos, como são atraídos para eles[1].

Os seres humanos podem ser infetados com o parasita da mesma forma que outros mamíferos – consumindo a carne mal passada de animais infetados ou entrando em contacto direto com ambientes contaminados por fezes de gato, tais como água potável, o solo de jardins ou caixas de areia – e acontece que o *Toxoplasma* também tem um efeito no cérebro humano. Tal como nos informa a jornalista científica Kathleen McAuliffe sobre as observações feitas por parasitologistas, «os neurónios que abrigavam o parasita produziam 3,5 vezes mais dopamina. Observámos que o químico estava a acumular-se dentro de células cerebrais infetadas». O *Toxoplasma* pode causar uma variedade de mudanças de comportamento nos humanos e presume-se que seja um catalisador da esquizofrenia e de outras doenças mentais em muitas pessoas. Segundo o relatório de McAuliffe, «as pessoas com esquizofrenia têm duas a três vezes mais probabilidades de testar positivo para anticorpos ao parasita do que aquelas que não têm a doença»[2].

No seu fascinante e divertido artigo no *The New York Times*, «In Parasite Survival, Ploys to Get Help from a Host», Natalie Angier relata:

Quando Jaroslav Flegr, da Charles University, em Praga, realizou testes de personalidade a dois grupos de pessoas, um mostrando sinais imunológicos de uma infeção anterior por *Toxoplasma* e o outro não, os homens infetados, comparativamente com os homens não infetados, tiveram uma pontuação mais alta em aspetos como suspeita da autoridade e propensão para quebrar as regras. Por outro lado, as mulheres infetadas tiveram uma classificação relativamente mais alta do que as mulheres não infetadas em cordialidade, autoconfiança e tagarelice.

Existem inúmeros exemplos de outros parasitas que afetam o comportamento dos seus hospedeiros. Um verme crina-de--cavalo leva a que um grilo infetado, que normalmente manteria uma distância segura de grandes massas de água, corra em direção ao lago ou riacho mais próximo. Ao libertar neuroquímicos que imitam os de um grilo, o verme incita o grilo a mergulhar na altura certa para que o verme participe na época do acasalamento, que tem de acontecer na água[3]. Da mesma forma, embora os bichos-de-conta se escondam normalmente durante o dia para evitarem ser comidos pelas aves, aqueles que estão infetados com uma espécie de parasita acantocéfalo apenas desejam aventurar-se numa bela tarde de sol – escolhendo, de forma exata, uma superfície clara onde o ambiente de alto contraste os torna fáceis de detetar pelas aves que passam a voar. Assim, os parasitas apanham boleia de volta ao sistema digestivo da ave para porem os seus ovos[4]. As larvas da borboleta-azul contêm um químico à superfície que imita as substâncias químicas encontradas na superfície de, pelo menos, duas espécies de larvas de formiga, fazendo com que as formigas transportem as larvas das borboletas, devido ao seu cheiro familiar, de volta ao seu ninho para as alimentar e nutrir, muitas vezes à custa da sua própria prole[5]. Por mecanismos idênticos, as vespas parasitas fazem com que uma espécie de aranhas araneomorfas construa teias que diferem drasticamente do seu padrão habitual. Depois de a larva da vespa injetar um químico na aranha, esta começa a tecer uma teia muito mais adequada às necessidades da larva do que às suas, mantendo assim a larva protegida dos predadores locais e fornecendo, simultaneamente, a rede perfeita para construir o seu casulo[6]. A lista destes processos é extensa.

Ao analisarmos estes exemplos, ficamos de imediato impressionados com a cegueira que tantas vezes nos aflige relativamente a este complexo conjunto de forças que atuam sobre os comportamentos que nos rodeiam. E não podemos deixar de nos questionar o que realmente impulsiona todos os nossos desejos e traços de personalidade – especialmente aqueles com os quais nos identificamos mais.

Há também casos de infeções bacterianas que causam mudanças comportamentais nas pessoas, estando os cientistas a descobrir frequentemente ligações entre infeções e distúrbios psicológicos humanos[7]. As bactérias *Streptococci*, por exemplo, desenvolveram um mecanismo de defesa que lhes permite esconderem-se com sucesso do sistema imunitário das crianças durante algum tempo. As moléculas nas paredes das suas células tornam-nas indistinguíveis dos tecidos do coração, das articulações, da pele e do cérebro de uma criança. Depois, o sistema imunitário da criança acaba por reconhecer os estreptococos como estranhos ao corpo, mas quando lança o seu ataque pode erroneamente visar também tecidos saudáveis no corpo. Nestes casos, de acordo com estudos realizados no National Institute of Mental Health, «alguns anticorpos "anticérebro", com reação cruzada, podem ter como alvo o cérebro, causando um transtorno obsessivo-compulsivo, tiques e outros sintomas neuropsiquiátricos de PANDAS (Distúrbios Neuropsiquiátricos Autoimunes Pediátricos Associados a Infeções Estreptocócicas)»[8]. Aqui, o comportamento do hospedeiro não está a apoiar os objetivos do parasita; pelo contrário, a infeção por estreptococos resulta num fenómeno «não intencional». No entanto, ambos os exemplos demonstram a mesma realidade sobre a nossa experiência consciente, e a ideia de que «eu» sou a última fonte dos meus desejos e ações começa a desmoronar-se.

Com tantas forças em ação nos bastidores – desde os processos neurológicos essenciais que examinámos anteriormente até às infeções bacterianas e parasíticas –, é difícil ver como o nosso comportamento, preferências e mesmo as nossas escolhas poderiam de alguma maneira estar sob o controlo da nossa vontade consciente. Parece mais correto dizer que a consciência está a apanhar boleia – a assistir ao espetáculo, em vez de o criar ou controlar. Em teoria, podemos mesmo afirmar que muito poucos (ou até nenhuns) dos nossos comportamentos precisam de consciência para serem levados a cabo. Porém, a nível intuitivo, assumimos que, como os seres humanos agem de diferentes maneiras e são conscientes – e porque experiências como o medo, o amor e a dor são motivadores poderosos no seio da consciência –, os nossos comportamentos são impulsionados pela nossa *consciência deles*, que de outra forma não ocorreriam. No entanto, agora é óbvio que muitos comportamentos que normalmente atribuímos à consciência e usamos como prova da mesma poderiam realmente existir sem consciência, pelo menos em teoria. Isto leva-nos de volta às nossas duas perguntas. E, novamente, é difícil ver como a experiência consciente desempenha um papel no comportamento. Isto não quer dizer que não o tenha, mas é quase impossível apontar para formas específicas de como o faz.

Contudo, nas minhas próprias reflexões, deparei-me com o que pode ser uma exceção interessante: a consciência parece desempenhar um papel no comportamento *quando pensamos e falamos sobre o mistério da consciência*. Quando contemplo *como é ser algo*, essa experiência de consciência, presumivelmente, afeta o subsequente processamento que ocorre no meu cérebro. Quase nada daquilo que eu pense ou diga, quando contemplo a consciência, faria qualquer sentido vindo de um sistema sem ela.

Como poderia um robô inconsciente (ou um *zombie* filosófico) contemplar a própria experiência consciente sem a ter? Imagine por um momento que o próprio David Chalmers é um *zombie*, sem qualquer tipo de experiência interna, e depois considere o que ele diz no seu livro *The Conscious Mind* ao explicar o conceito de um *zombie*:

> Pelo facto de o meu gémeo *zombie* não ter experiências, ele está numa situação epistémica muito diferente da minha e os seus julgamentos carecem da correspondente justificação (...) Eu sei que estou consciente, e o conhecimento é baseado unicamente na minha experiência imediata (...) Do ponto de vista da primeira pessoa, eu e o meu gémeo *zombie* somos muito diferentes: eu tenho experiências e ele não[9].

Não compreendo como um sistema que não é consciente alguma vez produziria estes pensamentos, e muito menos como um sistema inteligente conseguiria perceber os mesmos. Sem nunca ter experienciado a consciência, não há nenhuma *diferença* a que o *zombie* de Chalmers se pudesse referir. A explicação de Chalmers para o facto de um *zombie* ainda ser, em teoria, concebível, é que a linguagem e os conceitos de consciência poderiam ser incorporados no programa de um *zombie*. Um robô poderia certamente ser programado para descrever processos específicos como «ver amarelo» quando deteta certos comprimentos de onda da luz, ou mesmo para falar sobre «sentir raiva» em circunstâncias definidas, sem realmente ver ou sentir conscientemente alguma coisa. Mas parece impossível para um sistema fazer uma distinção entre uma experiência consciente e não consciente sem ter uma experiência real como ponto de referência. Quando falo do mistério da consciência – referindo-me a algo que posso distinguir, questionar e atribuir (ou não) a outras entidades –, parece altamente improvável que alguma vez o fizesse, ou mesmo que lhe dedicasse tanto tempo, sem sentir a experiência a que me refiro (pois a experiência qualitativa abarca por inteiro o assunto e, sem ela, não posso ter qualquer conhecimento acerca dele). Ainda assim, por mais que revolva estas ideias na minha cabeça, o facto de os meus pensamentos serem *sobre a experiência da consciência* sugere a existência de um ciclo de retorno, indicando que a consciência afeta o meu processamento cerebral. Afinal, o meu cérebro só pode pensar na consciência *após* a ter experienciado (seria de presumir).

Porém, à exceção desta minha recorrente conclusão, a maioria das nossas intuições sobre o que se considera como evidência da consciência a afetar um sistema não resiste ao escrutínio. Portanto, devemos reavaliar as nossas suposições sobre o papel que a consciência desempenha na condução do comportamento, já que estas suposições levam naturalmente às conclusões que tiramos sobre o que é a consciência e o que a leva a surgir na natureza. Tudo o que esperamos descobrir através de estudos sobre a consciência – desde determinar se uma dada pessoa está ou não num estado consciente, indicar o momento exato da evolução biológica onde, pela primeira vez, a consciência emergiu, até compreender o processo físico exato que dá origem à experiência consciente – advém das nossas intuições sobre a função da consciência.

5

Quem Somos?

SCAN ME
Transferir imagem
original

Quando falamos de consciência, referimo-nos normalmente a um «eu» que é o objeto de tudo o que vivenciamos – tudo aquilo de que estamos conscientes parece estar a acontecer a este «eu» ou à sua volta. Temos o que parece ser uma experiência unificada, em que os eventos no mundo se sucedem de forma integrada na nossa direção. Não obstante, como temos observado, a *conjugação de processos* é parcialmente responsável por isso, ao apresentar-nos a ilusão de as ocorrências físicas estarem perfeitamente sincronizadas com a nossa experiência consciente no momento presente. A *conjugação de processos* também ajuda a solidificar outras perceções no tempo e no espaço, tais como a cor, a forma e a textura de um objeto – sendo que todas elas são processadas pelo cérebro separadamente e fundidas antes de chegarem à nossa consciência como um «todo». No entanto, há ocasiões em que a *conjugação* de alguns processos não é finalizada devido a doenças neurológicas ou lesões, deixando o doente num mundo confuso onde a visão e os sons já não estão sincronizados (agnosia disjuntiva), ou onde objetos familiares são vistos pelas suas partes, mas são irreconhecíveis (agnosia visual).

Por vezes, mesmo com um cérebro saudável encontramos pequenas falhas na *conjugação de processos* que nos dão pequenos sinais de como estas interligações normalmente criam a nossa ilusão. Há alguns meses, quando ia beber um copo de água a meio da noite, ouvi um estrondo no exterior. Por alguma razão, talvez por estar meio adormecida, experienciei o momento de uma forma invulgar: reparei que o meu corpo reagiu *antes* de eu ouvir o som do acidente. Por um breve instante, senti-me a reagir a algo que o «eu» ainda não tinha ouvido.

Imagine como seria a sua experiência se a *conjugação de processos* simplesmente não ocorresse – se, por exemplo, ao tocar piano, visse primeiro o seu dedo bater na tecla, depois ouvisse a nota e mais tarde sentisse o martelo da tecla a descer. Ou imagine que o processo de *conjugação* era adulterado e você começava a correr antes de ouvir o cão feroz a ladrar. Sem a *conjugação de processos*, provavelmente, nem sequer sentiria o seu «eu». A sua consciência seria mais como um fluxo de experiências num determinado local – o que estaria muito mais próximo da verdade. Será possível estar apenas consciente dos acontecimentos, ações, sentimentos, pensamentos e sons – tudo num fluxo de consciência? Tal experiência não é invulgar na meditação e muitas pessoas, incluindo eu própria, podem atestar isso. O «eu» onde parecemos habitar a maioria do tempo (senão sempre) – um centro de consciência localizado, imutável e sólido – é uma ilusão suscetível de entrar em curto-circuito sem sentirmos qualquer tipo de mudança na forma como experienciamos o mundo. Podemos ter plena consciência do que habitualmente vemos, ouvimos, sentimos e pensamos separados do «eu», que é o recetor dos sons e o «pensador dos pensamentos». Isto não está de modo algum em desacordo com a neurociência moderna: uma área do cérebro conhecida por rede de modo-padrão, que os cientistas acreditam contribuir para o nosso sentido do «eu», foi observada a ser suprimida durante a meditação[1].

Existem outras formas de suspender o sentido do «eu». As drogas psicadélicas – como o LSD, a cetamina e a psilocibina – são conhecidas por silenciar um circuito no cérebro que liga o giro para-hipocampal e o córtex retrosplenial na rede do modo-padrão, o que explica porque que razão as pessoas descrevem a perda do sentido do «eu» quando estão sob a sua influência[2]. Os cientistas estudam as experiências que as pessoas têm com drogas psicadélicas e a sua atividade cerebral através de fMRI (exames de ressonância magnética funcional). Sob a influência destas drogas, os participantes relatam experiências que vão «desde flutuar e encontrar paz interior a distorções no tempo e a convicção de o «eu» [estar a] desintegrar-se»[3]. Muitas pessoas assumem que a consciência e a experiência do «eu» andam de mãos dadas, mas é claro que, naqueles momentos em que as pessoas relatam a queda do «eu», a consciência permanece totalmente presente. Como explica Michael Pollan, no seu livro *How to Change Your Mind*, sobre substâncias psicadélicas:

> Quanto mais precipitada for a queda da pressão sanguínea e do consumo de oxigénio na rede de modo-padrão, maior a probabilidade de um voluntário relatar a perda de uma sensação do «eu». (...) A experiência psicadélica da «não dualidade» sugere que a consciência sobrevive ao desaparecimento do «eu», que não é tão indispensável como nós – e ele – gostamos de pensar[4].

As drogas psicadélicas também suprimem a comunicação entre neurónios noutras áreas além da rede de modo-padrão, tornando em geral a atividade no cérebro menos segregada. Erin Brodwin, uma jornalista científica, relata o trabalho de Robin Carhart-Harris, que conduz estudos de imagiologia no Imperial College London sobre o impacto do LSD no cérebro:

> «A individualidade destas redes é quebrada e, nesse momento, vê-se um cérebro mais integrado ou unificado», disse Carhart-Harris. Essa mudança pode ajudar a explicar porque é que a droga [LSD] produz também um estado de consciência alterado. (...) As barreiras entre o sentido do «eu» e a sensação de interconexão com o ambiente parecem dissolver-se[5].

Curiosamente, uma das razões pelas quais os consumidores de drogas psicadélicas experienciam outras «realidades» deve-se ao facto de esta classe de drogas ter a capacidade de interromper a *conjugação de processos*. Parece provável que isto também contribua para uma suspensão do sentimento do «eu», distinto e separado do mundo. Pollan salienta que «o nosso sentido de individualidade e separação oscila entre o "eu" delimitado e uma completa separação entre sujeito e objeto. Mas tudo isso poderá ser uma construção mental, uma espécie de ilusão»[6]. Brodwin descreve a experiência de um participante num estudo na Johns Hopkins sobre os efeitos terapêuticos da psilocibina em pacientes com cancro e ansiedade associada: «Durante algumas horas, ele lembra-se de se sentir à vontade; estava simultaneamente confortável, curioso e alerta. (...) Contudo, mais do que qualquer outra coisa, já não se sentia só. "Toda essa história do 'eu' se desmorona e torna-se uma presença intemporal, sem forma", disse [ele]»[7].

Embora seja algo quase impossível de imaginar para alguém que nunca o tenha experienciado, a consciência ainda pode persistir sem uma experiência do «eu» e mesmo na ausência de pensamento. O jornalista e autor Michael Harris salienta que, em parte, é precisamente por termos esta capacidade de interferir com os nossos sentidos que verificamos que o «eu» é uma construção:

> Se a singularidade do «eu» corporal pode ser adulterada através de meios mecânicos (drogas psicadélicas, um derrame cerebral ou uma desordem neurológica), então temos de começar a aceitar que o «eu» corporal – aquele sentimento de que somos seres inteiros e invioláveis – não é causado por uma alma ou entidade residente atrás dos nossos olhos[8].

Como já foi mencionado, a noção típica de «eu», juntamente com outras perceções erradas das experiências diárias, pode ser superada através do treino em meditação, que é agora também mais bem compreendida a nível do cérebro. Durante milhares de anos, as tradições contemplativas orientais têm usado a meditação como uma base experimental para estudar a natureza da consciência e, embora a ciência ocidental apenas recentemente tenha descoberto estes métodos de introspeção, os neurocientistas estão agora a conduzir pesquisas sobre os efeitos específicos da meditação na mente e no cérebro. Esperemos que esta pesquisa nos leve a novas descobertas sobre até que ponto o treino da nossa atenção de forma sistemática pode proporcionar uma melhor compreensão da consciência e da psicologia humana. No mínimo, confirma que se podem obter conhecimentos valiosos através da investigação na primeira pessoa. O estudioso budista Andrew Olendzki descreve a natureza ilusória do «eu» que pode ser revelada através da meditação:

> Tal como a planura da terra ou a solidez da mesa, ela [a noção do «eu»] tem utilidade a uma certa escala – socialmente, linguisticamente, legalmente –, mas desmorona-se por completo quando escrutinada mais atentamente[9].

No entanto, quer seja possível ou não quebrar a ilusão do «eu», existe obviamente um vasto número de acontecimentos a serem percecionados em qualquer experiência consciente – desde alguém num estado de consciência mínimo até alguém a pilotar uma aeronave. Uma coisa que podemos dizer com segurança, independentemente do que é percebido, é que a consciência ou está presente, ou não está. Parece-se com *algo*, ou não.

Da mesma forma que ponderamos sobre o aparecimento da primeira experiência consciente num embrião em desenvolvimento, podemos também questionar-nos sobre os momentos finais da consciência no fim da vida. Um amigo falou-me recentemente do tempo passado com o seu avô, que estava a morrer lentamente de uma doença cardíaca. Ele descreveu a deterioração do avô ao longo de muitos meses e a experiência devastadora de testemunhar uma mudança tão significativa em alguém que ele conhecia bem e amava. A primeira coisa a ser afetada foi a regulação emocional e o controlo de impulsos, provavelmente devido aos danos que ocorreram no córtex pré-frontal. O avô já não conseguia esconder as suas emoções oscilantes e tudo o que experienciava – alegria, frustração, luxúria, raiva – era subitamente dado a conhecer a todos na sala. Em seguida, a memória do avô começou a falhar, tornando a continuidade da sua personalidade menos estável. Com o tempo, perdeu a capacidade de falar e andar. A certa altura, o meu amigo começou a questionar-se, como muitos fazem em tais situações, quando é que o avô, o seu «eu», deixaria realmente de «estar presente». Quando deixaria de ser «ele próprio» e, além disso, quando é que a sua consciência desapareceria completamente? Sentado silenciosamente numa sala sem uma personalidade reconhecível, e com a maior parte das suas memórias apagadas, o avô do meu amigo ainda parecia estar a experienciar *algo*. Mesmo quando resta apenas um brilho ténue de consciência, ela está obviamente presente de alguma forma até ao último momento da sua existência. E este nível mínimo de consciência – o que quer que isso seja antes de as «luzes» se apagarem por completo – pode ser completamente diferente da nossa usual experiência humana.

Quando Thomas Nagel nos pede para imaginarmos o que é ser um morcego, está a salientar que já sabemos que existem outros modos de consciência muito diferentes dos nossos.

Voar pelos céus usando a ecolocalização deve levar a sensações muito diferentes de caminhar pela rua usando a visão. Um estudo espantoso da substituição sensorial – em que os cientistas têm sido capazes de oferecer a pessoas cegas e surdas novos métodos para perceberem o que a maioria de nós vê e ouve – fornece provas de que existe de facto uma vasta gama de experiências potenciais num cérebro. Por exemplo, com uma ferramenta chamada BrainPort – uma pequena grelha que se coloca na língua e converte um sinal de vídeo em minúsculos choques elétricos –, o cérebro pode começar a aprender a interpretar sinais elétricos táteis na língua. Usando esta tecnologia, pessoas cegas podem eventualmente realizar tarefas como atirar uma bola com precisão para um cesto e orientarem-se através de um percurso de obstáculos[10]. Usar um BrainPort está obviamente relacionado com o uso da visão para alguém se movimentar pelo mundo físico, mas a experiência real da sua utilização deve ser muito diferente da experiêcia visual. Existe um termo maravilhoso, *umwelt,* introduzido em 1909 pelo biólogo Jakob von Uexküll, para descrever a experiência particular de um qualquer animal, baseado nos sentidos usados por esse organismo para se orientar no seu ambiente. Os morcegos têm um *umwelt,* as abelhas experienciam outro, os humanos, outro, e alguém que usa uma tecnologia como o BrainPort experiencia ainda outro.

David Eagleman faz parte da investigação que explora a possibilidade de expandir o nosso *umwelt* humano para incluir informação a que não temos atualmente acesso através dos nossos cinco sentidos. Ele explica que o cérebro «não se importa de que modo obtém a informação, desde que a obtenha»[11]. Numa palestra TED, em 2015, Eagleman descreve os potenciais resultados da substituição sensorial, onde «novos sentidos» são criados para as pessoas:

No horizonte da expansão humana não existem verdadeiramente limites. Imagine um astronauta capaz de sentir o estado de saúde da Estação Espacial Internacional, ou, já agora, você sentir os estados invisíveis da sua própria saúde, como o nível de açúcar no sangue e o estado do seu microbioma, ter uma visão de 360 graus ou ver em infravermelhos ou ultravioletas[12].

De facto, sabemos que o cérebro humano, nas condições certas, pode integrar sem problemas objetos estranhos no mapa do que constitui o seu corpo. A ilusão da mão de borracha é um exemplo de como, quando certas condições são satisfeitas, um objeto exterior pode ser incorporado na conceção de si próprio. Na experiência original, o sujeito senta-se com a sua mão real debaixo de uma mesa, enquanto uma mão de borracha repousa sobre a mesa no seu lugar. Quando o investigador acaricia com um pincel a mão real do sujeito e a mão de borracha simultaneamente, o sujeito começa a sentir que a mão de borracha que ele vê na mesa lhe pertence. Versões posteriores da ilusão da mão de borracha têm sido realizadas recorrendo à utilização da realidade virtual. Numa destas experiências, conduzida pelo neurocientista Anil Seth e a sua equipa na Universidade de Sussex, o sujeito usa óculos de realidade virtual e experiencia um mundo virtual no qual tem uma mão virtual. Por vezes, os investigadores põem a mão a piscar vermelho em sincronia com o ritmo cardíaco do sujeito e, por vezes, fora de sincronia. Como seria de esperar, o sujeito tem uma maior sensação de propriedade da mão virtual quando o piscar está em sincronia com a batida do seu coração[13]. Seth refere-se às nossas experiências de nós próprios no mundo como uma espécie de «alucinação controlada». Ele descreve o cérebro como um «motor de previsão» e explica que «o que percecionamos é o seu melhor palpite do que existe lá fora no mundo». Em certo sentido, diz ele, «nós prevemo-nos para a existência»[14].

O fenómeno «*split-brain*», ou cérebro dividido, é igualmente informativo, revelando a maleabilidade da consciência e o conceito de identidade. Recentemente, um grande número de pessoas descobriu a fascinante pesquisa realizada no início da década de 1960 no Caltech, conduzida por Roger Sperry e Michael Gazzaniga, sobre pacientes epiléticos que tinham sido submetidos a uma calosotomia. Trata-se de um procedimento cirúrgico em que o corpo caloso é cortado, parcial ou totalmente, separando as ligações entre os hemisférios esquerdo e direito do cérebro, num esforço para evitar que as convulsões se propaguem. Embora estes pacientes de cérebro dividido parecessem, surpreendentemente, imperturbados pelo procedimento, a pesquisa revelou uma realidade bizarra e contraintuitiva que põe em causa muitas das nossas suposições sobre a fluidez e os limites da consciência.

Nas experiências em pessoas que foram submetidas a cirurgia de divisão cerebral, a informação pode ser dada separadamente a cada um dos dois hemisférios cerebrais através da visão (na forma de imagens, linguagem escrita, etc.), porque o campo visual direito é projetado para o hemisfério esquerdo do cérebro e vice-versa. Numa pessoa normal, a informação que chega através de qualquer um dos campos visuais é partilhada com o hemisfério oposto do cérebro através do corpo caloso. Em pacientes com o cérebro dividido, o estímulo visual para cada campo é recebido por apenas um lado do cérebro. O mesmo se aplica aos estímulos apresentados a cada ouvido, assim como à maior parte da informação vinda das mãos dos pacientes – na maior parte das vezes, os recetores táteis de cada mão projetam-se para o hemisfério oposto do cérebro e o movimento de cada mão é também controlado pelo hemisfério oposto. De facto, após a cirurgia, os pacientes de cérebro dividido podem experienciar algo chamado «rivalidade hemisférica», em que são vistos a tentar fazer coisas opostas com as mãos esquerda e direita numa batalha desconcertante – como tentar abotoar a camisa com uma mão enquanto a outra está ocupada a desabotoar; tentar abraçar um cônjuge com um braço enquanto o empurra para longe com o outro; e abrir e fechar simultaneamente uma porta com mãos opostas[15].

Em pacientes com o cérebro dividido, os neurocientistas desenvolveram vários métodos criativos para que o sujeito receba as comunicações dos dois hemisférios, revelando aspetos ainda mais inquietantes da sua condição. Na grande maioria das pessoas, o hemisfério esquerdo é responsável pela expressão da linguagem através da fala e da escrita, deixando o hemisfério direito mudo; porém, o hemisfério direito é capaz de comunicar através de acenos de cabeça e gestos da mão esquerda (e em alguns casos também a cantar)[16]. Se um sujeito receber uma moeda para segurar na mão esquerda sem ter a capacidade de a ver, apenas o hemisfério direito terá conhecimento disso. Quando lhe perguntarem o que está a segurar, ele responderá que não faz ideia, porque o hemisfério esquerdo (que mantém a capacidade de comunicar verbalmente) não tem consciência da moeda. Contudo, se lhe for pedido para apontar para a imagem do objeto que lhe foi dado, a sua mão esquerda (controlada pelo hemisfério direito, aquela que conhece a moeda) apontará corretamente para a imagem de uma moeda. Da mesma forma, se a palavra «chave» for apresentada ao campo visual esquerdo de um sujeito e lhe for perguntado que palavra vê, ele relatará que não vê nada – o seu hemisfério falante, o esquerdo, não consegue ver a palavra. No entanto, se lhe for pedido para pegar no objeto correspondente à palavra que está no ecrã, ele vai estender a mão esquerda (controlada pelo hemisfério direito, que vê a palavra) e pegar na chave (Figura 5.1). Este tipo de experiência pode ser repetido de várias maneiras, mas produzindo sempre os mesmos resultados. De facto, pacientes com o cérebro dividido relatam algumas vezes (através do hemisfério esquerdo responsável pela fala) que a sua mão esquerda age por conta própria – fechando o livro que estão a ler, por exemplo –, uma confirmação de que «eles» não estão conscientes dos desejos e intenções do hemisfério direito.

Para surpresa dos primeiros neurocientistas que realizaram tais experiências (e para nós!), parece que a mesma pessoa pode ter duas respostas diferentes a uma pergunta e, no geral, ter desejos e opiniões completamente diferentes. E ainda mais surpreendente é a descoberta de que os sentimentos e as opiniões de cada hemisfério parecem ser privados e desconhecidos um do outro.

Figura 5.1: Estudo do cérebro dividido.

O «eu» de um paciente com o cérebro dividido fica tão intrigado pelas opiniões e desejos do outro hemisfério tal como ficaria outra pessoa na mesma sala. Se ambos os pontos de vista em pacientes com o cérebro dividido são ou não conscientes, é difícil, senão mesmo impossível, de responder. Porém, não temos razões para duvidar de que existe uma experiência associada aos pensamentos e desejos de cada um, com a maioria dos neurocientistas a acreditar que ambos os hemisférios são, de facto, conscientes. O neurocientista Christof Koch, do Instituto Allen para a Ciência do Cérebro, salienta: «Devido ao facto de o hemisfério falante e o hemisfério mudo realizarem comportamentos complexos e planeados, ambos os hemisférios terão perceções conscientes, mesmo que o carácter e o conteúdo dos seus sentimentos possam não ser os mesmos»[17].

A literatura sobre o cérebro dividido contém muitos exemplos sugerindo que dois pontos de vista conscientes podem residir num único cérebro. A maioria destes exemplos derruba a típica noção de livre-arbítrio, expondo um fenómeno gerado pelo hemisfério esquerdo que Gazzaniga e o seu colega Joseph LeDoux apelidaram de «o intérprete»[18]. Este fenómeno ocorre quando o hemisfério direito toma medidas baseadas em informações ao qual tem acesso e a que o esquerdo não tem. Desta forma, o hemisfério esquerdo oferece uma explicação instantânea e falsa para o comportamento do sujeito com o cérebro dividido. Por exemplo, numa das experiências, quando o hemisfério direito recebe a instrução «Dar um passeio», o sujeito levanta-se e começa a andar. Porém, quando lhe perguntarem porque está a sair da sala, ele dará uma explicação tal como: «Oh, precisava de ir beber qualquer coisa.» O seu hemisfério esquerdo, o responsável pela fala, desconhece o comando que o lado direito recebeu, e é perfeitamente claro que o sujeito acredita que a sua sede foi a razão pela qual se levantou e começou a andar. Tal como no exemplo em que os investigadores foram capazes de causar um sentimento de vontade em sujeitos que, na realidade, não estavam no controlo das suas próprias ações, o fenómeno do «intérprete» é mais uma confirmação de que a sensação de estarmos a executar ações conscientemente desejadas, pelo menos em alguns casos, é pura ilusão.

Contudo, independentemente da informação obtida pela investigação do cérebro dividido sobre a vontade consciente, a perceção mais simples continua a ser a mais relevante para a nossa discussão: diferentes conjuntos de intenções num paciente com o cérebro dividido parecem ser relegados para ilhas de consciência distintas e separadas. No exemplo do paciente em conflito consigo mesmo para abotoar uma camisa, um dos lados sente que a mão direita está a ser controlada por «outra pessoa», que luta contra os seus movimentos de vestir a camisa escolhida, enquanto o «outro lado» está a rejeitar uma má escolha de roupa que «outra pessoa» fez. Em momentos como este, um paciente com o cérebro dividido comporta-se (e provavelmente sente-se) mais como dois gémeos siameses do que como uma pessoa singular.

No seu livro *The Master and His Emissary*, que retrata os dois hemisférios do cérebro, o psiquiatra Iain McGilchrist descreve a sua intrigante tese sobre a possibilidade de a consciência ter origem nas estruturas mais profundas do cérebro, por oposição ao que os cientistas tipicamente acreditam:

Parece-me mais proveitoso pensar na consciência não como algo com limites bem definidos, que aparece de súbito quando se chega ao topo do funcionamento mental, mas como um processo que é gradual, em vez do tudo ou nada, e começa nas profundezas do cérebro. (…) O problema, então, não é como duas vontades se podem tornar uma consciência unificada mas, sim, como um campo de consciência pode acomodar duas vontades. (…) A consciência não é um pássaro, como é muitas vezes descrita na literatura – a pairar, livre, vindo de cima e pousando no cérebro algures nos lóbulos frontais –, mas uma árvore, com raízes profundas dentro de nós[19].

Com as revelações que nos foram trazidas pela investigação sobre cérebros divididos, e por outros avanços na neurociência moderna, muitos chegaram à seguinte questão: existirá alguma versão de consciência dividida que também ocorra em cérebros que não estejam fisicamente divididos? Haverá outros centros de consciência, que até podemos considerar como outras mentes, a residir mais perto de nós do que julgamos? Não é difícil imaginar que diferentes «centros», «configurações» ou «fluxos» de consciência existam em estreita proximidade uns dos outros ou em sobreposição, mesmo num único corpo humano.

6

A Consciência

ESTÁ EM TODO O LADO?

P arece que ficamos sem respostas para as duas questões com as quais começámos esta investigação: quando olhamos de perto, não conseguimos encontrar provas externas de consciência fiáveis, nem tão-pouco podemos apontar de forma conclusiva para qualquer tipo de função específica que ela satisfaça. Ambos resultados são profundamente contraintuitivos, e é aqui que o mistério da consciência começa a esbarrar noutros mistérios do Universo.

Se não conseguimos individualizar nada no Universo que distinga os conjuntos de átomos conscientes dos não conscientes, onde podemos traçar a linha? Talvez uma questão mais interessante seja porque é que devemos sequer traçar uma linha. Quando vemos a nossa própria experiência de consciência como estando «à boleia», rapidamente se torna mais fácil imaginar que também outros sistemas sejam «acompanhados» pela consciência. É neste ponto que devemos considerar a possibilidade de toda a matéria, de alguma forma, estar imbuída de consciência – uma visão referida como pampsiquismo[1]. Se os vários comportamentos dos animais podem ser acompanhados por consciência, porque não a reação das plantas à luz – ou, já agora, o *spin* dos eletrões? Talvez a consciência esteja embutida na própria matéria, como uma propriedade fundamental do Universo. Parece uma loucura, mas, como veremos, vale a pena questionar.

O termo *pampsiquismo*, cunhado pelo filósofo italiano Francesco Patrizi no século XVI, deriva do grego *pan* («tudo») e *psique* («mente» ou «espírito»). Algumas versões do pampsiquismo descrevem a consciência como separada da matéria e composta de alguma outra substância, uma definição que lembra o vitalismo e as tradicionais descrições da alma. Porém, embora o termo tenha sido usado para descrever uma vasta gama de pensamentos ao longo da história, as considerações contemporâneas do pampsiquismo fornecem descrições da realidade muito diferentes das versões anteriores – sem estarem sobrecarregadas de crenças religiosas.

Um ramo do pampsiquismo moderno propõe que a consciência é intrínseca a todas as formas de processamento de informação, mesmo a formas inanimadas como os aparelhos tecnológicos; outro vai ao ponto de sugerir que a consciência se equipara a outras forças e campos fundamentais que a física nos revelou – como a gravidade, o eletromagnetismo e as forças nucleares forte e fraca. O leque completo de deliberações relacionadas com o pampsiquismo – quer se restrinjam a certos tipos de processamento de informação ou se apliquem a toda a matéria universalmente – é diferente da maioria das teorias do pampsiquismo do passado. O pensamento moderno sobre o pampsiquismo é influenciado pelas ciências e encontra-se completamente alinhado com o fisicalismo e o raciocínio científico.

Agrada-me o título de um artigo do filósofo Philip Goff: «O pampsiquismo é uma loucura, mas é também, muito provavelmente, verdadeiro». A sua linha de pensamento segue este caminho:

Quando percebemos que a física nada nos diz sobre a natureza intrínseca das entidades que tenta explicar, e que a única coisa que sabemos ao certo sobre a natureza intrínseca da matéria é que pelo menos algumas coisas materiais têm experiências (...) o imperativo teórico de formar uma visão tão simples e unificada quanto consistente com os dados disponíveis leva-nos de forma bastante direta na direção do pampsiquismo[2].

Devido à sua simplicidade, sou tentada a favorecer o ramo do pampsiquismo que descreve a consciência como fundamental para a matéria – por oposição à exigência de um certo nível de processamento de informação necessário para que a consciência exista. Isto, mais uma vez, é o resultado do famoso «problema difícil» da consciência, que surge em qualquer lugar onde se tente traçar uma linha – seja no processamento neuronal ou em formas mais simples de processamento de informação. Embora seja em muitos aspetos mais difícil de entender, a visão de que a consciência é intrínseca à matéria é uma solução mais convincente para mim, em parte porque é mais simples (embora apenas ligeiramente). Considere o campo de Higgs como uma analogia: os físicos sabiam que o campo de Higgs tinha de existir – se não existisse, os eletrões e os *quarks* que nos compõem a todos não teriam massa e viajariam à velocidade da luz. Durante anos, até à descoberta do seu portador, o bosão de Higgs, eles propunham um campo de Higgs. Apesar da sua descoberta em nada apoiar (ou fornecer qualquer evidência para) as teorias da consciência, isto ajuda-nos a compreender a proposta análoga no pampsiquismo – que talvez a consciência seja outra propriedade da matéria, ou do próprio Universo, que ainda temos de descobrir.

No seu livro *Panpsychism in the West*, o filósofo David Skrbina faz um levantamento da história dos argumentos científicos para o pampsiquismo que são baseados no racionalismo, na evidência empírica e nos princípios evolutivos. Após a publicação da teoria da evolução por seleção natural de Darwin (1859) e os avanços subsequentes nos campos da física, química e biologia revelarem que os seres humanos eram compostos pelos mesmos elementos que outras matérias, o verdadeiro mistério da consciência tornou-se evidente. O novo entendimento, que tudo no

Universo era composto pelos mesmos «materiais de construção», fortaleceu a perspetiva científica e evolutiva que incluía algum tipo de pampsiquismo. A tendência natural da exploração científica é chegar a uma explicação tão simples quanto possível, e o conceito de consciência a emergir de material não consciente representa uma espécie de fracasso do objetivo típico da explicação científica. Em filosofia, este salto de um estado não consciente para um estado consciente da matéria é referido como emergência «radical» ou «forte»[3]. Skrbina cita o célebre biólogo J.B.S. Haldane, que se opunha à noção de emergência radical, referindo a inevitável complexidade que ela acrescenta a qualquer explicação da consciência:

> Se a consciência não estivesse presente na matéria, isto implicaria uma teoria de emergência forte que é fundamentalmente anticientífica. Tal emergência é «radicalmente oposta ao espírito da ciência, que sempre tentou explicar o complexo em termos do simples. (…) Se o ponto de vista científico estiver correto, eventualmente devemos encontrá-los [sinais de consciência em matéria inerte], pelo menos na sua forma rudimentar, em todo o Universo»[4].

Skrbina acompanha o leitor através de mais de trezentos anos de contemplações por cientistas – de Johannes Kepler a Roger Penrose – que usam uma abordagem científica ao pampsiquismo, muitos dos quais chegam à conclusão de que a explicação mais simples da consciência é, de facto, uma explicação pampsíquica. Cerca de trinta anos depois de Haldane, na década de 1960, o biólogo Bernhard Rensch afirmou que, tal como existe uma opacidade de categorias ao examinarmos a evolução de uma forma de vida para outra, a nível dos microrganismos e células, também a completa divisão entre sistemas vivos e não vivos é confusa, e uma distinção errada é suscetível de se estender também até aos limites da experiência consciente[5].

Além disso, quando os cientistas assumem que contornaram o «problema difícil» descrevendo a consciência como uma propriedade emergente – isto é, um fenómeno complexo não previsto pelas suas partes constituintes –, estão a mudar de assunto. Todos os fenómenos emergentes – como colónias de formigas, flocos de neve e ondas – continuam a ser descrições da matéria e de como ela se comporta enquanto observada do exterior[6]. O que um conjunto de matéria é no *interior* e se existe ou não uma experiência associada a ela é algo que o termo «emergência» não abrange. Dizer que a consciência é um fenómeno emergente não explica realmente nada, porque para o observador a matéria está a comportar-se como sempre se comporta. Se alguma matéria tem experiência e outra não (existem fenómenos emergentes que implicam experiência e outros não), o conceito de emergência, tal como é tradicionalmente usado na ciência, não explica a consciência.

Figura 6.1: Emergência. Um fenómeno que não é previsto pelas partes que o constituem, sendo também mais complexo do que a soma das suas partes. É designado por fenómeno emergente.

Alguns filósofos chegam ao ponto de sugerir que o «problema difícil» de explicar a consciência não existe, retratando-a apenas como uma ilusão. Mas, como outros têm salientado, a consciência é a única coisa que não pode ser uma ilusão – por definição. Uma ilusão pode aparecer *dentro* da consciência, mas ou se está a experienciar algo ou não se está – a consciência é necessária para que uma ilusão ocorra. No seu ensaio «Os Negacionistas da Consciência», o filósofo analítico Galen Strawson analisa esta visão da «consciência como sendo uma ilusão» e revela-nos o seu incómodo com a total incoerência da ideia: «Como poderia alguém ter sido levado a algo tão tolo como negar a existência da experiência consciente, a única coisa no geral que sabemos, com toda a certeza, existir?»[7] O filósofo Ned Block, do Center for Neural Science, da Universidade de Nova Iorque, descreve algo que observou nos seus alunos, semelhante em diferentes tipos de personalidade, enquanto dava palestras sobre o «problema difícil» da consciência. Ele estima que cerca de um terço dos seus alunos «não aprecia fenomenologia [experiência sentida] e os complicados problemas que dela advêm», sugerindo que seria interessante estudar a diferença neurológica entre as pessoas que são capazes de compreender intuitivamente o «problema difícil» e aquelas que não o são (ou que o veem como uma ilusão)[8]. Seja como for, na minha opinião, definir a consciência como uma ilusão não resolve nada. Com efeito, é o mesmo que redefini-la simplesmente como «a ilusão da consciência». Mesmo que concordássemos em chamar à consciência uma ilusão, o que parece absurdo, ainda poderíamos perguntar quão profunda é essa ilusão. Estarão outros processos complexos, ou outros conjuntos de matéria, a experienciar esta «ilusão»? Todas as questões da consciência e do pampsiquismo continuariam na mesma por responder[9].

De facto, Strawson defende que «o pampsiquismo é a visão teórica mais plausível a adotar no caso de a pessoa ser um naturalista completo (...) que defende o fisicalismo como sendo verdadeiro», que «tudo o que existe na realidade é físico» e que «todos os fenómenos físicos são formas de energia». Ele conclui que «o pampsiquismo é simplesmente uma hipótese sobre a natureza intrínseca desta energia, a hipótese de que a natureza intrínseca da energia é a experiência. (...) A física é intocada por esta hipótese. Tudo o que é verdade em física permanece verdadeiro»[10].

No entanto, considerações científicas de pampsiquismo ainda são vistas como controversas e contrárias à visão científica convencional. Embora a consciência seja muito difícil de estudar e mesmo de definir, a maioria dos neurocientistas acredita que ela resulta de processos complexos no cérebro e que acabaremos por descobrir a causa final da consciência através do estudo dos seus correlatos neurais. Contudo, muitos neurocientistas admitem que o «problema difícil» persistirá, porque a compreensão científica, por mais completa que seja, parece não ter forma de nos oferecer uma perceção direta da experiência subjetiva associada a essas propriedades físicas – estudar sistemas como o cérebro fornece-nos simplesmente mais informação sobre as propriedades físicas. O neurocientista V.S. Ramachandran, por exemplo, admitiu que as *qualia* (as qualidades experienciais de consciência que podemos rotular, tais como gostar de ver a cor azul ou sentir algo afiado) vão continuar desconhecidas:

As *qualia* são irritantes tanto para filósofos como para cientistas porque, embora sejam palpavelmente reais e pareçam estar no centro da experiência mental, as teorias físicas e computacionais sobre o funcionamento do cérebro são totalmente silenciosas sobre como elas podem surgir ou a razão da sua existência[11].

Os neurocientistas que estudam a consciência estão mais interessados nas diferenças a nível do cérebro entre as *funções* aparentemente conscientes e não conscientes do corpo (o leitor está consciente da leitura das palavras nesta página neste momento, mas não está consciente das atividades dos seus rins) e os *estados* conscientes e não conscientes (estar acordado *versus* estar a dormir profundamente, por exemplo). Existem várias hipóteses a proporem que certas áreas do cérebro, ou formas de processamento neural, criam uma experiência consciente; alguns cientistas, entre eles Francis Crick e Christof Koch, especularam que é a frequência com que os neurónios disparam que os leva a dar origem à consciência[12].

Crick e Koch tentaram identificar a fonte de consciência no cérebro através de pesquisas no sistema visual. Esperavam compreender melhor que tipos de estímulos visuais processamos conscientemente (que estamos conscientes de ver), que tipos de estímulos o cérebro está a responder sem a nossa consciência (processamento subliminar) e quais as áreas do cérebro responsáveis por estes diferentes tipos de processamento. Embora útil e interessante, este género de pesquisa é, mais uma vez, limitado. Aumenta o nosso conhecimento do cérebro e da nossa experiência humana, mas nada nos informa sobre o que *é a consciência*, nem nos ajuda a compreender se outros tipos de sistemas, animados ou inanimados, podem ou não estar a experienciá-la.

Mais recentemente, o neurocientista Giulio Tononi, diretor do Centro de Sono e Consciência da Universidade de Wisconsin-Madison, juntamente com Marcello Massimini e a sua equipa na Universidade de Milão, formularam o que pode tornar-se um método para determinar se uma pessoa está ou não consciente. No procedimento, apelidado de «Zap e Zip», é usada aestimulação magnética transcraniana (EMT) para fornecer um pulso de energia magnética ao cérebro, sendo a atividade da corrente elétrica subsequente, que corre através dos neurónios corticais, lida pelo EEG[13]. Os padrões resultantes são mapeados num «índice de complexidade de perturbação» (ICP). Koch explica que o método estabelece um valor limite do ICP «como um limiar crítico – a medida mínima de atividade cerebral complexa – que apoia a consciência»[14]. Este método tenta detetar a consciência em sujeitos cujo nível de consciência é difícil de decifrar a partir de sinais externos – incluindo sujeitos em sono profundo, sujeitos anestesiados e pacientes em coma. Esperemos que nos coloque um passo mais perto de determinar se pacientes com danos no cérebro, com síndrome do encarceramento ou demência em fase avançada estão num estado minimamente consciente *versus* um «estado vegetativo», ou se um paciente cirúrgico se tornou consciente sob anestesia – condições onde existe atualmente um limitado número de ferramentas para detetar a consciência

Este é reconhecidamente um dos trabalhos mais importantes que se realizam hoje em dia na neurociência, mas, mais uma vez, as questões sobre funções conscientes *versus* não conscientes, ou estados do cérebro, não abordam necessariamente as grandes questões relativas *ao que é a consciência* e quão intrínseca é no Universo. No entanto, a maior parte dos cientistas continua a acreditar que a consciência é um fenómeno emergente, resultante do processamento neuronal. A maioria assume que se «nós» não estamos conscientes de certas experiências e processos cerebrais, não deve haver nenhuma experiência associada a eles. Isto pode ser verdade, mas, como veremos, pode não fazer sentido seguir essa linha de raciocínio.

Vamos inspecionar de que forma esta pesquisa nos informa – ou não – sobre as hipótses pampsíquicas. Existem inconsistências em muitas das hipóteses avançadas por cientistas e filósofos. Elas aparecem quando:

1. se tenta distinguir os «locais» onde existe a probabilidade de encontrarmos consciência e onde não é provável encontrá-la – normalmente, isto está ligado ao processamento de informação; e

2. cientistas e filósofos se mostram incapazes de superar a forte, mas provavelmente errada, intuição de que não pode haver mais do que um centro ou sistema de consciência a residir num corpo humano.

Christof Koch é um dos neurocientistas que está disposto a considerar a interpretação pampsíquica. Ele refere numa entrevista:

> Se adotar uma abordagem mais conceptual da consciência, as evidências sugerem que existem muitos mais sistemas que possuem consciência – possivelmente, todos os animais, todas as bactérias unicelulares e, a algum nível, talvez até mesmo células individuais, que têm uma existência autónoma. Podemos estar rodeados de consciência e encontrá-la em lugares onde não esperamos, porque a nossa intuição diz que só a veremos em pessoas e talvez em macacos, cães e gatos. Mas sabemos que a nossa intuição é falível, e é por isso que precisamos da ciência para nos dizer qual é o verdadeiro estado do Universo[15].

Neste aspeto, estou completamente de acordo com Koch, mas depois ele prossegue dizendo: «Sabemos que a maioria dos órgãos do seu corpo não dão origem à consciência. O seu fígado, por exemplo, é muito complexo, mas não parece ter quaisquer sentimentos»[16]. Se podemos imaginar que um verme tem algum nível de consciência (e que manteria a sua consciência enquanto residisse num corpo humano), o facto de ele contribuir ou não para o alcance da consciência que «eu» estou a experenciar neste momento é irrelevante para a questão de sabermos se o verme está ou não a experienciar algo. Portanto, estas linhas de investigação separadas (o que contribui para a «minha» consciência *versus* o que *é consciente*) acabam por confundir a grande questão sobre o que é a consciência e onde a vamos encontrar no Universo.

Ao aceitar a noção de que bactérias ou células individuais poderiam ter algum nível de consciência, Koch parece aberto a uma versão moderna do pampsiquismo, mas na mesma discussão ele afirma que o cerebelo, com os seus 69 mil milhões de neurónios, «não dá origem à consciência». Contudo, só porque o cerebelo não é responsável pela parte do meu cérebro que governa a linguagem ou pelo fluxo de consciência que considero ser o «eu», podemos também questionar-nos se é *outra região* (ou regiões) de consciência, tal como podemos especular que um verme ou uma bactéria possam estar conscientes. Mesmo que Koch esteja aqui a abordar a consciência em dois contextos diferentes – considerando num caso uma visão pampsíquica e no outro apontando para processos específicos no corpo que não estão incluídos na típica experiência da consciência –, o pensamento geral deste assunto em neurociência e filosofia tende a ser inconsistente; ou, no mínimo, uma parte da discussão está frequentemente ausente.

E, apesar de, como mencionei anteriormente, a definição da palavra «consciência» de Thomas Nagel (isto é, ser *como algo*) seja a forma mais precisa de falar da experiência subjetiva, as pessoas usam o termo de várias formas (a capacidade de autor-reflexão, vigília, alerta, etc.), o que causa confusão adicional. Mas podemos continuar a questionar se a consciência existe fora dos sistemas com a capacidade de a descrever – apenas temos de o fazer a outro nível. Quando estou inconsciente durante um período de sono profundo, por exemplo, tudo o que sabemos é que a parte do sistema que constitui o «eu» foi interrompida; a continuidade (e mesmo a realidade) da minha experiência cessa por um período, porque o funcionamento dessa parte do sistema cessa. Mas se a própria consciência continua em outras áreas do meu cérebro, ou corpo, enquanto a experiência do «eu» está em pausa, ainda é uma questão em aberto.

Independentemente do conhecimento adquirido sobre o funcionamento do cérebro, é provável que a questão principal permaneça sem resposta: quão intrínseca é a consciência no Universo? Em *The Conscious Mind*, David Chalmers sugere que a consciência pode ser manifestada no funcionamento de algo tão básico como um simples dispositivo tecnológico:

> À medida que nos movemos ao longo da escala, desde peixes e lesmas, através de simples redes neuronais, até aos termóstatos, onde é que a consciência desaparece? (...) O termóstato parece fazer o tipo de processamento de informação que um peixe ou uma lesma fazem de forma muito simplificada, pelo que talvez também possa ter o tipo de fenomenologia correspondente na sua forma mais simplificada. Ele faz uma ou duas distinções relevantes das quais depende a ação; para mim, pelo menos, não parece irrazoável que possa haver distinções associadas na experiência[17].

Então, se é plausível que vermes ou bactérias (ou termóstatos!) sejam acompanhados por algum nível de consciência, por mínima e distinta que seja da nossa própria experiência, porque não seguir a mesma lógica quando se trata de órgãos do corpo, ou do cerebelo (que contém a maioria dos neurónios no cérebro)? Só porque algo não está a aparecer no campo do que «eu» estou a experienciar, porquê excluir a possibilidade de muitas formas de consciência existirem simultaneamente dentro dos limites do meu corpo?

Outra fonte potencial de argumentos errados contra o pampsiquismo é baseada na evolução, uma vez que a maior parte do apoio científico e filosófico à ideia de que a consciência está confinada aos sistemas nervosos dos seres vivos assenta, em parte, na afirmação de que a consciência é um produto da evolução biológica. A lógica é compreensível porque os nossos métodos mais sofisticados de sobrevivência parecem exigir a consciência. Mas se a consciência não determina o nosso comportamento, como tradicionalmente assumimos, o argumento da evolução não tem sustentação. Como pode a consciência aumentar a probabilidade de sobrevivência se ela não afeta o nosso comportamento no sentido típico?

Quando olhamos para lá do contexto da vida animal, onde é mais fácil abandonarmos as nossas intuições enraizadas, descobrimos que é realmente difícil intuir a lógica de que qualquer quantidade de processamento de informação, por mais complexo que fosse, faria com que de repente *esses processos* se tornassem conscientes. Quando o seu *golden retriever* corre para o saudar no final do dia, a consciência dele parece-lhe tão óbvia como qualquer outro facto. Porém, como já vimos, mesmo quando imaginamos robôs que se assemelham e agem como seres humanos, parecemos ser incapazes de determinar se eles estariam ou não conscientes. É apenas porque experienciamos a consciência de modo tão imediato e a atribuímos tão facilmente por analogia a outras formas de vida tão, que ela parece ser uma capacidade óbvia (onde não ficamos continuamente supreendidos por estarmos experienciando algo a cada momento em que estamos acordados)[18]. Deveríamos ficar tão surpreendidos com a realidade da nossa própria consciência tal como ficaríamos se descobríssemos que o mais recente *smartphone* é consciente.

No meu entendimento, a solução para o mistério da consciência, quer seja ou não possível interpretarmos a sua verdadeira dimensão, está atualmente repartida entre uma explicação baseada no cérebro e uma explicação pampsíquica. No entanto, embora não esteja convencida de que o pampsiquismo ofereça a resposta correta, *estou* convencida de que é uma categoria válida de soluções possíveis que não podem ser facilmente descartadas como muitas pessoas parecem pensar. Infelizmente, com receio de colocarem em risco a sua credibilidade, continua a ser difícil para muitos cientistas juntarem-se ao debate. Num ensaio de 2017 intitulado «Minding Matter», Adam Frank, professor de astrofísica na Universidade de Rochester, apresenta eloquentemente o mistério da consciência e a relutância dos cientistas em propor teorias que extravasem o dogma da consciência ser apenas o resultado do processamento cerebral:

> É tão simples como inegável: após mais de um século de profundas explorações no mundo subatómico, a nossa melhor teoria de *como a matéria se comporta* ainda nos diz muito pouco sobre *o que é a matéria*. Os materialistas apelam à física para explicar a mente, mas na física moderna as partículas que compõem um cérebro permanecem, em muitos aspetos, tão misteriosas como a própria

consciência. (…) Em vez de tentarmos livrar-nos do mistério da mente atribuindo-o aos mecanismos da matéria, devemos lidar com a natureza entrelaçada dos dois. (…) A consciência pode ser um exemplo da emergência de uma nova entidade no Universo não contida nas leis das partículas. Existe também a possibilidade mais radical de que alguma forma rudimentar de consciência deva ser adicionada à lista de coisas, tais como a massa ou a carga elétrica, de que o mundo é constituído[19].

Apesar de os físicos teóricos poderem alegremente propor ideias como a teoria das cordas – desde dez (ou mais) dimensões do espaço até à vasta paisagem de inúmeros universos (multiversos) – e, mesmo assim, ver o seu trabalho revisto de forma imparcial, é ainda considerado um risco para a reputação de alguém sugerir que a consciência possa existir fora do cérebro. Frank aponta um semelhante duplo padrão, que é aplicado para avaliar as várias interpretações da mecânica quântica: «Porque é que uma infinidade de universos paralelos, na interpretação de vários mundos [multiversos], é associada a uma posição sóbria e intransigente, mas se incluirmos o sujeito percetivo [a consciência] somos de imediato condenados a ter atravessado para as margens da anticiência, na melhor das hipóteses, ou do misticismo, na pior?»

Embora alguns cientistas tenham sido naturalmente levados a uma visão pampsíquica de uma forma ou de outra, o termo ainda é associado ao movimento Nova Era. David Skrbina explica que a primeira consideração, de que o mundo inanimado possui uma consciência, parece tão anticientífica que incita automaticamente uma oposição organizada:

Após identificarmo-nos com uma posição pampsíquica, somos imediatamente confrontados com a acusação de que acreditamos que «as rochas estão conscientes» – uma afirmação considerada tão óbvia e ridícula que leva o pampsiquismo, logo à partida, a ser descartado com segurança. (...) Através da mente humana, conseguimos criar analogias com certos animais e, por isso, aplicamos-lhes o conceito de consciência com diferentes graus de confiança. Porém, podemos não ver tais analogias com plantas ou objetos inanimados, pelo que atribuir-lhes consciência nos parece ridículo. Este é o nosso preconceito humano. Para superar esta perspetiva antropocêntrica, o pampsíquico convida-nos a observar a «mentalidade» de outros objetos não em termos da consciência humana, mas como um subconjunto de uma específica *qualidade universal* de «coisas» físicas, nas quais tanto a mentalidade inanimada como a consciência humana são consideradas as suas manifestações[20].

Embora todos os ataques que li sobre o pampsiquismo careçam de argumentos substantivos e detalhados, têm em comum a sua agressividade. Desde a *Encyclopedia of Philosophy* (Edwards, 1967) até à *New York Review of Books*, o pampsiquismo tem sido acusado de ser «ininteligível» e «completamente implausível», com os seus adeptos comparados a «fanáticos religiosos»[21].

Aqueles de nós que querem avançar com este tema têm uma obrigação importante de distinguir claramente as opiniões pampsíquicas das falsas conclusões que as pessoas tendem a tirar delas – nomeadamente, que o pampsiquismo de alguma forma justifica ou explica uma variedade de fenómenos psíquicos –, no seguimento da incorreta suposição de que a consciência deve implicar uma mente com um único ponto de vista e pensamentos complexos. Atribuir algum nível de consciência às plantas ou à matéria inanimada não é o mesmo que atribuir-lhes mentes humanas com desejos e intenções. Qualquer pessoa convicta que o Universo tem um «plano» para nós ou que pode consultar o seu «eu superior» para conselhos médicos não deve sentir-se apoiada pela visão moderna do pampsiquismo, que não suporta nada desse género. Bactérias com um nível mínimo de consciência a fluir através dos seus átomos continuariam a ser *bactérias*. Ainda não teriam cérebros nem mentes complexas, muito longe das mentes humanas.

Como refere o filósofo Gregg Rosenberg, quando aceitamos a noção de que uma bactéria ou que um átomo possui algum nível de experiência consciente, «não estamos obviamente a atribuir-lhes as qualidades das nossas próprias experiências», mas, em vez disso, podemos imaginar «um campo qualitativo que tem características de alguma forma *abstratas*, muito semelhantes às das nossas experiências, mas *especificamente* inimagináveis e diferentes das nossas [experiências de consciência]»[22]. E, claro, as falsas conclusões de um mau entendimento do pampsiquismo – que os átomos individuais, células ou plantas possuem uma experiência comparável à de uma mente humana, por exemplo – são muitas vezes usadas para argumentar contra ele. Infelizmente, parece-nos bastante difícil abandonar a intuição de que a consciência é igual ao pensamento complexo. Mas se, ao contrário do que se pensava, a consciência é de facto um aspeto mais básico do Universo, isso não valida automaticamente a crença do seu vizinho em conseguir comunicar telepaticamente com a sua figueira. Na realidade, se uma versão do pampsiquismo estiver correta, tudo se continuará a parecer e a comportar-se exatamente da mesma maneira.

7
Para além do
PAMPSIQUISMO

Transferir imagem
original

magine-se como um cérebro a flutuar no vazio do espaço ou numa grande extensão de água, sem qualquer tipo de ligações aos órgãos sensoriais. Depois imagine os seus sentidos a serem ligados, um de cada vez. Primeiro, a visão. O único conteúdo à sua disposição é uma subtil experiência visível. Pode ver luz, talvez a pulsar com um brilho variável, a aparecer e a desaparecer. Tente apreender isto sem incluir os conceitos de memória ou linguagem, de modo que não haja a experiência de um «eu» a pensar: *Uau, estava escuro, mas agora há luz novamente!* Em vez disso, imagine um fluxo muito simples de «primeiras experiências»: uma alternância entre luz e escuridão, depois luz mais brilhante, luz mais fraca, luz pulsante. Em seguida, imagine uma luz que assume formas: uma luz circular, um feixe de luz, uma luz que se estende para muito longe. Adicionando cor, talvez: uma luz avermelhada que se transforma em laranja, depois em amarelo, depois em azul. Imagine sentir-se sem forma e sem peso. Está a flutuar livremente no espaço, sem pensamentos ou conceitos – sem as palavras «laranja» ou «vermelho», apenas a *experiência* pura dessas cores. Visualize a experiência mais básica que possa imaginar. A seguir, adicione sons, depois paladar, e depois cheiros – um de cada vez, na sua forma mais pura quanto possível. Está simplesmente a experienciar o que chega à sua consciência, sem palavras ou conceitos para descrever como é essa experiência. E, finalmente, imagine a sensação de toque a chegar sob a forma de pressão ou calor – abrangendo vastas áreas e em locais pequenos e precisos –, não no seu *corpo*, é claro, uma vez que não tem um, mas em locais no espaço...

É difícil mantermos este tipo de visualização durante muito tempo, mas conseguimos minimamente apreender a sensação desse estado para imaginar que, no mínimo, algo como isso é *possível*.

A maioria das pessoas com algum conhecimento em meditação percebe que uma experiência de consciência não precisa de ser acompanhada por pensamentos – nem por qualquer outro contributo dos sentidos. Parece ser possível estarmos conscientes da nossa experiência subjetiva na ausência de pensamentos, visão, sons ou qualquer outra perceção. Como vimos, a sensação de sermos algo real, um «eu», e as intuições que daí advêm criam-nos difíceis obstáculos para criativamente analisarmos a consciência. Estas intuições também contribuem para a nossa tendência imediata de rejeitarmos o pampsiquismo como uma teoria válida, mesmo com grande parte do pensamento lógico a apontar na outra direção. Porém, à medida que analisamos os seus detalhes, a ideia parece-nos cada vez menos improvável. Rebecca Goldstein defende que já sabemos que a consciência é parte integrante da matéria porque nós próprios somos feitos de matéria, sendo essa a única propriedade a que temos acesso direto:

> A consciência é uma propriedade intrínseca da matéria; de facto, é a única propriedade intrínseca da matéria que conhecemos, pois conhecemo-la diretamente por nós mesmos, que somos matéria consciente. Todas as outras propriedades da matéria foram descobertas por meio da física matemática, e este método matemático de chegar às propriedades da matéria significa que apenas as propriedades relacionais da matéria são conhecidas, mas não as suas propriedades intrínsecas[1].

Galen Strawson refere um ponto semelhante ao virar o mistério da consciência ao contrário. Ele argumenta que a consciência é, de facto, a única coisa no Universo que não é um mistério – no sentido de que é a única coisa que realmente compreendemos de forma direta. De acordo com Strawson, é a matéria que é totalmente misteriosa, porque não temos qualquer compreensão da sua natureza intrínseca. Ele chamou a isto «o problema difícil da matéria»:

> [A física] informa-nos de muitos e extraordinários factos sobre a *estrutura matematicamente descritível* da realidade física, factos que exprime com números e equações (...) mas não nos diz absolutamente nada sobre a natureza intrínseca do material que faz parte desta estrutura. A física é silenciosa – perfeita e eternamente silenciosa – sobre esta questão. (...) Qual é o material fundamental da realidade física, o material que está estruturado e nos é revelado pela física? A resposta, novamente, é que não sabemos – exceto quando este material adquire a forma de experiência consciente[2].

Mais uma vez, é importante distinguir entre consciência e pensamento complexo ao considerar as modernas visões pampsíquicas. Afirmar que a consciência é fundamental não é o mesmo que sugerir que ideias ou pensamentos complexos são fundamentais e que resultam magicamente na realização material dessas ideias (uma interpretação comum e errada do pampsiquismo). A afirmação é exatamente o oposto – se a consciência existe enquanto propriedade fundamental, sistemas complexos, construídos a partir daquilo que já é um fluxo de consciência existente, poderiam eventualmente dar origem a estruturas físicas, tais como as mentes humanas. David Skrbi-na aborda o problema das projeções antrópicas, nas quais «colocamos as exigências da consciência humana em partículas inanimadas», e explica a necessidade de distinguir entre consciência e *memória*:

> Certamente, qualquer coisa parecida com a mente humana requer também uma memória semelhante à nossa, mas isto é relevante apenas para organismos complexos. Não é razoável exigir que partículas atómicas tenham algo parecido com a capacidade de memória do ser humano, ou mesmo qualquer instanciação física de algo como a memória. Mentes de átomos podem ser, por exemplo, um fluxo de momentos de experiência instantâneos sem memória[3].

Embora muitas pessoas perguntem: se os mais básicos constituintes de matéria têm algum tipo de experiência consciente, como é possível que, quando formam um objeto ou sistema físico mais complexo, esses pequenos pontos de consciência se combinam para criar uma nova e mais complexa esfera de consciência? Por exemplo, se todos os átomos e células individuais no meu cérebro são conscientes, como é que essas esferas de consciência separadas se fundem para formar a consciência que «eu estou» a experienciar? E mais: será que todos os pontos de consciência mais pequenos e individuais deixam de existir depois de darem à luz um ponto de consciência inteiramente novo? Isto é referido como «o problema da combinação», que a *Stanford Encyclopedia of Philosophy* descreve como «o problema mais difícil que o pampsiquismo enfrenta», notando que:

CONSCIÊNCIA

> O problema é a dificuldade em que isto faça algum sentido: «pequenos» sujeitos conscientes, com as suas microexperiências, que se juntam para formar um «grande» sujeito consciente, com as suas próprias experiências. (...) A ideia de muitas mentes formarem uma outra mente é muito mais difícil de se entender[4].

Para muitos cientistas e filósofos, o *problema da combinação* apresenta-se como o maior obstáculo à aceitação de qualquer descrição da realidade que inclua a consciência como uma característica amplamente difundida. Contudo, o obstáculo que enfrentamos aqui, mais uma vez, parece ser o caso de se confundir a *consciência* com o conceito do «eu», que filósofos e cientistas tendem a referir-se como o «sujeito» da consciência. O termo «eu» é normalmente usado para descrever um conjunto mais complexo de características psicológicas – incluindo qualidades como a autoconfiança ou a capacidade de empatia –, mas um «sujeito» ainda descreve uma experiência de si na sua forma mais básica. Num artigo onde expõe o problema que a *combinação* apresenta, David Chalmers escreve: «Como poderia uma relação fenomenológica entre sujeitos distintos (...) ser suficiente para a constituição de um sujeito totalmente novo?»[5] Porém, talvez seja errado falarmos sobre um «sujeito» da consciência e mais adequado descrevermos o *conteúdo disponível* para a experiência consciente num qualquer lugar do espaço-tempo, condicionado pela matéria presente nesse lugar – *umwelts* aplicados não só aos organismos, mas a toda a matéria, em todas as configurações e em todos os pontos do espaço-tempo.

Visto desta forma, o *problema da combinação* já não parece ser um obstáculo a todas as versões do pampsiquismo. Pelo contrário, pode ser uma razão adicional para favorecer uma perspetiva na qual a consciência é uma característica inerente e fundamental do Universo, em vez de ser considerada apenas como uma forma de processamento de informação. Considerar que a consciência é fundamental permite que a matéria tenha um certo «carácter interno» em toda a parte e em todas as suas diferentes formas. E, nesta perspetiva, a consciência não está a interagir consigo mesma, como estaria no ato de «combinação». Esta linha de pensamento suscita questões interessantes: poderá determinado conteúdo aparecer numa área de consciência dependendo da matéria presente nesse local no espaço-tempo? Existem sobreposições de experiências ou experiências onde os conteúdos se fundem numa única entidade?

Numa recente conversa com Christof Koch, discutimos os possíveis resultados de uma hipotética experiência na qual dois cérebros estavam «funcionalmente» ligados entre si, tal como os dois hemisférios de um cérebro normal. Havendo indicações de que a mente e o conteúdo de um paciente com o «cérebro dividido» podem estar separados, será que dois cérebros ligados entre si produziriam uma mente nova e integrada? Se eu e Christof, por exemplo, tivéssemos os nossos cérebros ligados, seria criada uma consciência Christof-Annaka – um novo e único ponto de vista? Poderia ser produzida uma mente nova, com acesso a todo o conteúdo experienciado pelos nossos cérebros em separado – todos os nossos pensamentos, memórias, medos, capacidades, e assim por diante –, constituindo uma nova «pessoa»?[6] Mesmo que a resposta seja afirmativa, o que provavelmente é o caso, julgo que nesta experiência teórica não se coloca o *problema da combinação*. Apenas iremos encontrar obstáculos se considerarmos as minhas experiências e as de Christof como «eus» ou «sujeitos» – estruturas de uma consciência inalterável e limitada. No momento da ligação de dois cérebros, podemos, de forma simplificada, ter uma consciência a mudar o seu conteúdo ou carácter – da mesma forma que o conteúdo da consciência muda quando você fecha e abre os olhos: as árvores e o céu estão disponíveis para o seu campo de visão, mas desaparecerem no momento seguinte. Quando você sonha, perceciona ambientes muito diferentes do seu ambiente real; inclusive, pode sentir-se como uma outra pessoa. E, encontrando-se em sono profundo, perde completamente a consciência, recuperando-a novamente quando acorda. Em ambas as minhas gestações, experienciei drásticas variações no conteúdo da minha consciência – sensações no meu útero, que eu nunca tinha sentido, eram a rotina diária, uma obsessão por tomate e molhos de tomate em todas as formas e feitios, sentimentos de pânico e outras «viagens» emocionais mais amorfas, dor física, insónias... Não me sentia «eu própria». Porém, julgo que também não me sentiria eu mesma após uma fusão mental com um neurocientista de sessenta anos, mas tudo isto também não interfere necessariamente com *o problema da combinação* da consciência. Mesmo na nossa vida diária, o conteúdo vai e vem, e a própria consciência parece ter a capacidade de «ligar e desligar».

Apenas nos deparamos com o *problema da combinação* quando introduzimos o conceito de um «eu» ou de um «sujeito» na equação. No entanto, sabemos que a ideia do «eu», como entidade concreta, é uma ilusão. Reconhecidamente, é uma ilusão à qual é muito difícil renunciar, mas penso que a solução para o *problema da combinação* é que na verdade não existe nenhuma «combinação» em relação à própria consciência. A consciência pode persistir tal como ela é, enquanto o carácter e o seu conteúdo mudam, dependendo da disposição do assunto específico em questão. Talvez o seu conteúdo seja, por vezes, partilhado por vastas regiões intrinsecamente ligadas e, outras vezes, confinado a regiões muito pequenas, inclusive em sobreposição. Se dois cérebros humanos estivessem ligados, provavelmente ambas as pessoas iriam sentir uma expansão do conteúdo da sua consciência, com cada pessoa a experienciar uma contínua transformação do seu conteúdo individual até ambos serem englobados num único conteúdo. É apenas quando se insere os conceitos de «ele», «ela», «tu» e «eu», como entidades distintas, que a expansão do conteúdo para qualquer área da consciência (ou mesmo a fusão de múltiplas áreas) se torna no *problema da combinação*. Isto lembra-me o exercício clássico realizado em histórias ou filmes em que as personagens trocam de papéis, atribuindo-lhes a experiência do que é ser outra pessoa. Quando olhamos de perto para o que isto realmente implica, torna-se mesmo impossível questionar: onde está o «eu» que seria substituído se me tornasse outra pessoa? Ser outra pessoa não seria diferente do que já é ser essa pessoa. Parece paradoxal, mas acabamos simplesmente por afirmar o óbvio: «Aquilo é o que sentimos ao estar ali com essa configuração de átomos e isto é o que sentimos estando aqui com esta configuração de átomos.» O que é uma analogia da afirmação: «A configuração dos átomos que compõem uma folha resulta de todas as propriedades esperadas do que é ser a folha, tal como um aglomerado de moléculas de H_2O assume as propriedades esperadas da água. É isso o que as moléculas *fazem* nessa configuração e é isto que elas *fazem* nesta configuração. De forma idêntica, isso é o que as moléculas *sentem* nessa configuração e isto é o que elas *sentem* nesta configuração.» Mais uma vez, somos levados a uma visão de conceitos primários: consciência e conteúdo.

Se a consciência não precisa de se combinar da forma que muitos assumiram ser obrigatória para que uma realidade pampsíquica seja possível, então não enfrentamos nenhum *problema da combinação*. Como já vimos, as experiências de consciência não precisam de ser contínuas ou mantidas como formas individuais. Nem precisam de ser obrigatoriamente extintas quando os constituintes mais pequenos da matéria se combinam para fazer sistemas mais complexos, como os cérebros. A ilusão do «eu», em conjunto com uma experiência de continuidade ao longo do tempo e através da memória, pode na realidade ser uma forma muito rara de consciência. Qualquer que seja a realidade maior, a nossa experiência singular é ditada pela estrutura e função do nosso cérebro, o que pode não nos oferecer um ponto de partida útil para compreender a natureza real da consciência. Será possível que, em simultâneo com a experiência consciente do «eu», exista uma experiência muito mais ténue em cada neurónio individual, ou em outros aglomerados de neurónios e células no meu corpo e para além dele? Poderá o Universo estar literalmente a fervilhar de consciência a aparecer e a desaparecer, a sobrepor-se, a combinar-se, a separar-se, a fluir, de maneiras que não conseguimos imaginar – sujeitando-se às leis da física de forma ainda incompreensível para nós?

Talvez o termo «pampsiquismo», devido à sua história e associações, continue a colocar obstáculos ao progresso neste campo, havendo assim necessidade de criar um novo termo para o trabalho no qual filósofos e cientistas teorizam sobre a possibilidade de a consciência ser uma característica fundamental da matéria. Tal como temos diferentes áreas da física, teórica e experimental, talvez seja preciso inventar um novo termo para esta área dos estudos da consciência, distinguindo-o do trabalho dos neurocientistas que estudam as relações neurais da consciência[7].

As teorias que implicam o pampsiquismo têm vindo a ganhar respeito nos últimos anos, mas ainda são suscetíveis de serem empurradas para fora do palco académico. No seu artigo «Conscious Spoons, Really? Pushing Back against Panpsychism»[8], Anil Seth expõe uma visão comum entre os neurocientistas – que a ciência da consciência «avançou» a partir do momento em que abandonou a sua luta com o «problema difícil» de Chalmers e, portanto, a partir de soluções tão «marginais» como o pampsiquismo. Ele insiste que, «ao construir pontes cada vez mais sofisticadas entre o mecanicismo e a fenomenologia, o aparente mistério do 'problema difícil' pode dissolver-se». No entanto, as duas linhas de investigação – tentar compreender quais os processos cerebrais que dão origem à nossa experiência humana *versus* o que é a consciência – podem coexistir, mesmo que necessariamente não comuniquem uma com a outra. Tal como na física, os neurocientistas não precisam de perder nenhum tempo a estudar teorias que não lhes interessem. Contudo, também não precisam de se intrometer no caminho de quem está a estudar essas mesmas ideias. O trabalho teórico em ciência é frequentemente um ponto de partida tão vital e necessário para o progresso científico como para o trabalho experimental que lhe sucede.

É importante esclarecer alguns pontos relativos à distinção que continuo a fazer entre duas categorias de perguntas – aquelas que dizem respeito à profundidade e à influência da consciência no Universo e as que se referem aos processos cerebrais que dão origem às experiências humanas –, juntamente com o valor que coloco em cada um deles. Primeiro, embora eu defenda o pampsiquismo como uma categoria legítima de teorias sobre a consciência baseadas no que sabemos atualmente, não estou fechada à possibilidade de que possamos descobrir, por algum método científico futuro, que a consciência de facto só existe no cérebro. É-me difícil ver como poderíamos chegar a este entendimento com alguma certeza, mas não o excluo. Igualmente, também não descarto a possibilidade de que a consciência seja algo que nunca iremos compreender por completo. Provavelmente, Rebecca Goldstein está certa quando sugere que o mistério da consciência é impermeável aos métodos científicos:

> É um pouco deprimente pensar num limite absoluto da nossa ciência: saber que há coisas que nunca poderemos saber. (...) A física matemática deu-nos conhecimento de muitas das propriedades da matéria. No entanto, a realidade de que nós, enquanto objetos materiais, temos experiências, deveria convencer-nos de que, infelizmente, não podemos obter conhecimento de todas elas. A menos que apareça um novo Galileu, que nos ofereça uma forma de chegar às propriedades da matéria que não precisem de ser expressas matematicamente, nunca faremos qualquer progresso científico sobre o «problema difícil» da consciência[9].

Além disso, o meu foco está no mistério manifestado pelo «problema difícil» da consciência por pensar que ele é subvalorizado e precisa da nossa atenção, especialmente porque estamos perante uma vasta gama de mentes artificiais que em breve irão fazer parte das nossas vidas. Compreender se a IA avançada é ou não consciente é tão importante como qualquer outra questão moral. O leitor tem a obrigação ética de chamar uma ambulância se encontrar o seu vizinho gravemente ferido, e, subitamente, teria obrigações semelhantes em relação a seres artificialmente inteligentes se soubesse que eles estavam conscientes. No entanto, nas discussões sobre formas menos complexas de consciência que as versões do pampsiquismo apontam – como as que podem existir num termóstato ou num eletrão –, conceitos como a felicidade e o sofrimento não se aplicam, e qualquer intuição de que o âmbito da nossa ética se estende a sistemas muito diferentes de nós parece prematura. As questões em neurociência que dizem respeito ao sofrimento humano («Será que a experiência da Teresa está a ser totalmente suspensa sob anestesia?», por exemplo) são claramente as mais urgentes para os cientistas abordarem neste momento.

É também importante dizer, mais uma vez, que as duas linhas de investigação que esbocei não se excluem mutuamente e provavelmente permanecerão, em grande medida, sempre isoladas uma da outra. Por exemplo, poderíamos descobrir que a consciência é ubíqua, mas simultaneamente saber que a *experiência específica* de uma pessoa deixa de existir sob certas condições neurológicas quando essa pessoa está, de facto, inconsciente – como estar em coma ou sob anestesia. Adicionalmente, parece provável que apenas mentes complexas sejam capazes de grande felicidade e grande sofrimento. Nesse caso, mesmo que uma versão do pampsiquismo fosse verdadeira, nem todas as «ilhas» de consciência seriam iguais ou partilhariam a importância do seu entendimento. Na realidade, mentes integradas e complexas como as nossas são capazes de imenso sofrimento, e devemos estar motivados para ajudar todos os seres a evitá-lo sempre que possível. E, se estivéssemos limitados a investigar apenas um dos caminhos, para resolvermos faseadamente o mistério da consciênca (o que, felizmente, não estamos!), eu daria prioridade a trabalhos como os de Anil Seth e Giulio Tononi. No entanto, os mistérios mais profundos são claramente dignos de um estudo científico contínuo e, atualmente, precisam de ser defendidos – para proteger os valores da curiosidade e da investigação na nossa busca de conhecimento. Concordo com a conclusão de Murray Shanahan, um professor de robótica cognitiva no Imperial College London:

> Situar a consciência humana num espaço de possibilidades mais abrangente parece-me ser um dos mais importantes projetos filosóficos que podemos empreender. É também um projeto negligenciado. Sem os ombros de gigantes sobre os quais nos poderíamos erguer, o melhor que podemos fazer é lançar algumas tochas para o meio da escuridão[10].

Parece evidente que o quadro geral que temos atualmente, em conjunto com a longa lista de perguntas sem respostas definitivas, nos dá boas razões para continuarmos a pensar na consciência de forma mais criativa – e especificamente para continuarmos a alimentar a ideia de que a consciência é mais profunda do que as nossas intuições nos têm levado a acreditar. Porém, a investigação sobre a natureza da consciência só avançará se for considerada um mistério digno da nossa curiosidade.

8
Consciência
E TEMPO

Transferir imagem
original

Após dez minutos de prática conjunta de meditação em silêncio, os alunos do segundo ano da minha turma de *mindfulness* levantaram as mãos, voluntariando-se para partilhar as suas experiências[1]. A primeira criança a falar fez uma observação simples, mas ao mesmo tempo profunda: «É sempre o momento presente, mas *não há momento presente*. Está sempre a mudar!», exclamou, entusiasmada com a maravilha da sua constatação. Foi encantador vê-la descobrir como o mistério da consciência está relacionado com o mistério do tempo: a nossa consciência é vivida através do tempo e não pode ser separada dele.

Muitos neurocientistas têm considerado a possibilidade de que a sensação de estarmos no momento presente, com o tempo a mover-se continuamente numa direção, é uma ilusão. No seu livro *Your Brain Is a Time Machine*, Dean Buonomano, um neurocientista da UCLA, explica que a dúvida – se o fluxo do tempo é uma ilusão ou uma real perceção da natureza da realidade – depende parcialmente de qual destas duas visões, opostas na física, se revela correta:

1. Presentismo: o tempo está de facto a fluir e apenas o momento presente é «real»; ou

2. Eternalismo: vivemos num «universo em bloco», onde o tempo é mais como o espaço – só porque estamos num local (ou momento) não significa que os outros não existam simultaneamente.

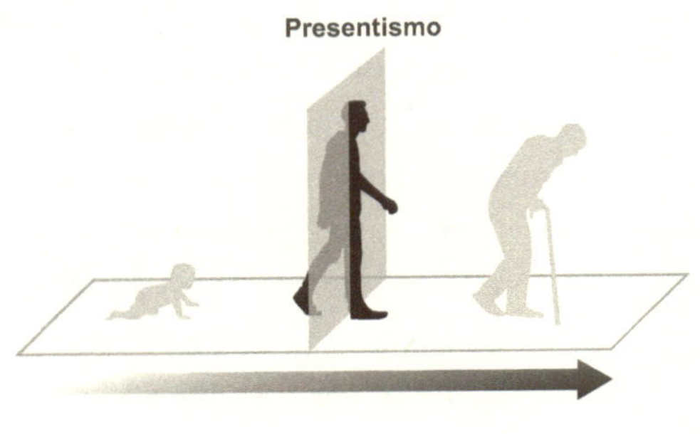

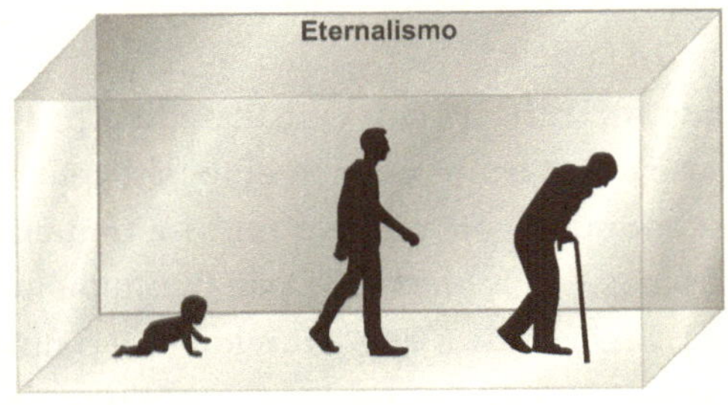

Figura 8.1: Os dois pontos de vista sobre a natureza do tempo.

Buonomano explica a dificuldade de lidarmos com a natureza do tempo:

> Estas duas visões oferecem noções incompatíveis da natureza do tempo, mas ambas consideram que a nossa perceção da passagem do tempo representa um problema fundamental. Porém, a resolução deste problema será um avanço formidável, uma vez que o nosso sentido subjetivo do tempo está no centro de uma tempestade perfeita de mistérios científicos por resolver: consciência, livre-arbítrio, relatividade, mecânica quântica e a natureza do tempo[2].

No estranho mundo da física quântica, a experiência de escolha retardada, de John Wheeler – inspirada nos resultados da clássica experiência da dupla fenda –, acrescenta uma camada ainda mais misteriosa à questão: de que forma o tempo se relaciona com a consciência? Na experiência da dupla fenda, em mecânica quântica, quando a luz é dirigida para uma placa na qual existem duas fendas paralelas, a luz age como uma onda – passa através de ambas as fendas e resulta num padrão de interferência, visível no ecrã colocado atrás das fendas. Isto acontece mesmo que a luz seja emitida *um fotão de cada vez* (Figura 8.2 [a]). Podemos concluir que, de alguma forma e de acordo com a física clássica, um padrão de interferência também é criado mesmo não havendo qualquer interferência detetável entre fotões individuais. É como se cada fotão, ondulatório, tivesse passado por ambas as fendas simultaneamente.

No entanto, se for feita uma medição nas fendas para determinar em qual delas cada fotão passa nesse momento, os fotões agem como partículas, passando por uma ou pela outra fenda e formando duas bandas paralelas no ecrã (tal como seria de esperar do comportamento de partículas) e não o padrão de interferência (Figura 8.2 [b]).

Esta experiência diz-nos que a luz age de forma diferente, dependendo do facto de estar ou não a ser medida. Sem a medição, atua como uma onda; e quando é medida assume as características das partículas individuais. Alguns afirmaram que, para a luz agir como uma partícula, não só tem de ser feita uma medição como essa medição tem de ser conscientemente observada. Não compreendo como alguém pode afirmar, de forma definitiva, que a consciência é a responsável por este estranho efeito na experiência da dupla fenda. Neste ponto, sigo o esmagador consenso entre os cientistas, incluindo Wheeler, que dizem: os fotões existem simultaneamente em muitos estados possíveis até interagirem com *algo*, que não precisa de ser *algo* consciente. (Certamente, isto mudaria se descobríssemos que a consciência é fundamental para a matéria, uma vez que a consciência estaria assim, por definição, associada a todas as medições.)

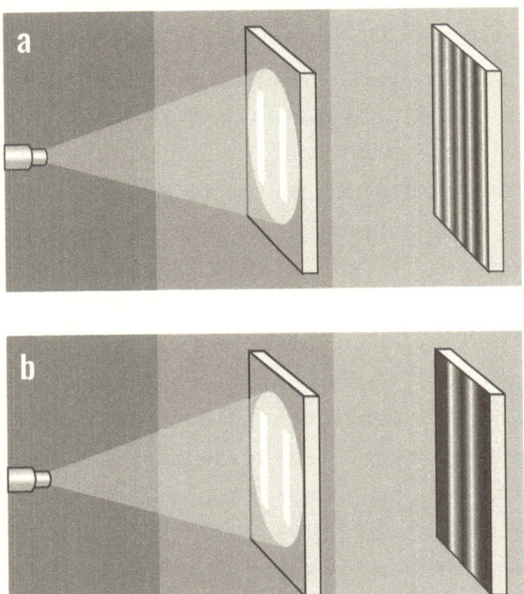

Figura 8.2: Experiências da dupla fenda.

Como se estes resultados por si só não fossem suficientemente estranhos, Wheeler introduziu o elemento tempo, fazendo a previsão de que mesmo realizando tal medição *depois* de um fotão ter passado por uma das fendas, ainda teríamos o mesmo efeito, levando o fotão a atuar *retroativamente*[3] como uma partícula. Por outras palavras, ele previu que uma medição no presente iria, misteriosamente, influenciar o passado. Esta é a experiência de escolha retardada, que finalmente foi levada a cabo em 2007 e confirmou a previsão de Wheeler[4].

Wheeler também propôs uma experiência teórica relacionada com a anterior na qual imaginava medir um único fotão emitido a partir da luz de um quasar a milhares de milhões de anos-luz, fotão esse que passaria por um buraco negro no seu caminho até um telescópio na Terra. Tal como na experiência da dupla fenda, a luz seria dividida pelo efeito gravitacional do buraco negro, dando origem ao conhecido fenómeno de lente gravitacional – uma ilusão ótica na qual vemos múltiplas imagens de uma única fonte, como, por exemplo, um quasar. Numa entrevista com o autor Rob Reid, Donald Hoffman, um cientista cognitivo da Universidade da Califórnia, em Irvine, explica o que aconteceria se medíssemos um único fotão na experiência teórica cosmológica de Wheeler:

> Posso agora perguntar, para cada fotão que me aparece, se veio do lado esquerdo [ou direito] da lente gravitacional. Suponhamos que decido medir de que lado veio e descubro que foi do lado esquerdo. Isso significa que posso afirmar que, nos últimos dez mil milhões de anos, aquele fotão tem estado num caminho que começou a partir do quasar e contornou o lado esquerdo da lente gravitacional. No entanto, se eu tivesse escolhido não fazer essa medição e apenas medisse o padrão de interferência, já não seria verdade que durante os últimos dez mil milhões de anos aquele fotão tivesse ido [por um caminho] pelo lado esquerdo. Portanto, a escolha que faço hoje determina a história de dez mil milhões de anos daquele fotão[5].

Para além dos factos, já de si incompreensíveis, que a experiência de Wheeler revela sobre a luz, se a consciência for de alguma forma intrínseca à matéria, a sua experiência também sugere uma relação muito estranha e contraintuitiva entre consciência e tempo.

Deixando de lado a estranha natureza da mecânica quântica, voltemos à relativa simplicidade da nossa experiência humana no momento presente. Independentemente da natureza do tempo, sabemos que a nossa experiência consciente não representa de forma precisa a sequência de acontecimentos no mundo. Já vimos que, através de diferentes processos, o cérebro conjuga a informação que chega aos nossos sentidos em diferentes momentos, para depois, e de forma perfeita, devolvê-la como sendo o momento presente. No entanto, podemos ainda perguntar-nos como a *própria experiência consciente* se relaciona com o tempo. Prestar atenção à experiência de cada momento, através de um exercício de concentração como a meditação – ou simplesmente contemplar o mistério da nossa própria experiência –, leva-nos a muitas questões interessantes relacionadas com o tempo: quanto tempo demora um momento de consciência? A consciência é contínua ou, de alguma forma, aparece e desaparece (e como saberíamos ver a diferença)? O que é o momento presente; será algum tipo de ilusão? O *próprio tempo* é uma ilusão?

Não só todas as questões que envolvem a consciência são importantes, especialmente agora que cientistas e filósofos entram na era das máquinas superinteligentes, como também são fascinantes de contemplar. Em *The Tell-Tale Brain*, V.S. Ramachandran pondera as hipóteses de a ciência desvendar o mistério da consciência: «Tais avanços podem ser tão incompreensíveis do nosso atual intelecto como a genética molecular era para aqueles que viviam na Idade Média. A menos que haja, algures por aí, um potencial Einstein da neurologia à espreita»[6].

Do nosso ponto de vista atual, parece improvável que alguma vez cheguemos a uma verdadeira compreensão da consciência. No entanto, podemos muito bem estar enganados acerca dos limites absolutos do conhecimento. A humanidade é recente, e ainda agora começámos a compreender o nosso lugar no cosmo. Enquanto continuamos a olhar para fora do nosso planeta e contemplamos a natureza da realidade, devemos lembrar-nos de que existe um mistério aqui mesmo onde vivemos.

Transferir imagem
original

AGRADECIMENTOS

Este livro é o produto de muitos anos de investigação e longas conversas com especialistas na área dos estudos da consciência. Estou grata aos cientistas e filósofos que retiraram algum tempo dos seus exigentes horários para trocar ideias (e debater longamente!) com uma amadora – foi uma alegria absoluta discutir a consciência com cada um deles: Donald Hoffman, Anil Seth, Christof Koch, Rebecca Goldstein, Dean Buonomano, Philip Goff, Adam Frank e Thomas Metzinger.

À medida que este projeto evoluiu de um interesse obsessivo para um artigo longo e depois para um livro curto, muitos amigos e colegas desempenharam um papel crítico no seu desenvolvimento. Estou grata pela generosidade de todos os cientistas, filósofos e artistas que o leram e me deram as suas considerações sobre os primeiros esboços, partilhando comigo as suas curiosas mentes e perceções brilhantes: Isabelle Boemeke, Sean Carroll, David Chalmers, António Damásio, Gavin de Becker, David Eagleman, Amy Eldon, Michael Gazzaniga, David Gelles, Joseph Goldstein, Daniel Goleman, Adam Grant, Susan Kaiser Greenland, Dan Harris, Nathalia Holt, Suzanne Hudson, Marco Iacoboni, David Janet, Amy Lenclos, Iain McGilchrist, Thomas Nagel, Rob Reid, Casey Rentz, Murray Shanahan, Jason Silva, Susan Smalley, Galen Strawson, Max Tegmark, Dalit Toledano, Giulio Tononi, Jon Turteltaub, Tim Urban, D.A. Wallach, Richelle Rich Waters, Diana Winston e Kalika Yap. E um agradecimento especial a Gordon Gould por me ajudar a assumir o pampsiquismo e me levar, finalmente, a pôr tudo por escrito.

Um agradecimento apaixonado a Amy Rennert, a agente do meu livro infantil, *I Wonder*, que apoiou este projeto desde o primeiro dia e em cujos instintos eu sempre confiei – este livro não existiria sem ela. Ao meu agente, John Brockman, por ter arriscado num livro sobre um tópico louco, e a Max Brockman, por ter ajudado a convencê-lo a dar o salto. John e Katinka Brockman têm sido amigos de confiança durante muitos anos e seria impossível listar todas as formas como têm sido uma inspiração e um apoio para mim. Estou grata não só pela oportunidade de trabalhar com eles, mas também pelo privilégio de passar tempo com duas pessoas que tanto admiro. À minha editora e mentora, Sara Lippincott; fiquei muito encorajada pelo seu interesse e confiança, e o livro é simultaneamente mais rigoroso e mais eloquente devido à sua inestimável contribuição. Estou também em dívida para com a minha editora na HarperCollins, Sarah Haugen, pelo seu zelo e paciência enquanto trabalhávamos para acertar a execução deste tema complicado e controverso. Ela fez questão de me empurrar para fora da minha zona de conforto, o que resultou num livro muito mais forte.

A nossa ama, Rosmari, ajudou a manter o mundo a girar (e as crianças a não irromperem pela porta do meu escritório em casa) durante as horas em que eu estava a investigar e a escrever. A minha confiança nela permitiu-me a liberdade de continuar o trabalho que adoro – um luxo que tenho plena consciência de que poucas mulheres tiveram até hoje e pelo qual estou profundamente grata.

Paul Witt, mesmo estando muito doente, ofereceu generosamente as suas considerações especializadas, mas infelizmente não esteve connosco o tempo suficiente para ler o manuscrito final. Este livro teria beneficiado tremendamente do seu talento e sabedoria. Todos sentimos a sua falta, e o seu toque está certamente ausente nestas páginas.

Os meus agradecimentos do fundo do coração vão para as minhas irmãs, Brianna e Jen, por estarem sempre dispostas a ler e disponíveis para comentários até altas horas da noite (mesmo quando enviava correções de última hora através de SMS). Tenho imensa sorte em usufruir da sua amizade e ter acesso às suas capacidades naturais de edição. E à minha mãe, por ser a minha primeira e mais dedicada editora e pelo seu apoio sem fim.

Por último, e acima de tudo, a Sam, Emma e Violet, cujo amor é a experiência mais preciosa e acarinhada que alguma vez surgiu na minha consciência.

Transferir imagem
original

NOTAS

Capítulo 1: Um Mistério Escondido à Vista de Todos

1. Thomas Nagel, «Como é ser um morcego?», *The Philosophical Review*, 83, n.º 4 (1974): 435-450.

2. Rebecca Goldstein, «O difícil problema da consciência e a solidão do poeta», *Tin House*, 13, n.º 3 (2012): 3.

3. O grande mistério é normalmente formulado da seguinte maneira: «Porque é que há algo em vez de nada?» Mas a pergunta mais interessante para mim (e a pergunta que é análoga ao «problema difícil») é: como é que *algo pode* sair do nada? Por outras palavras, faz mesmo sentido fazer a pergunta? Como é que concebemos sequer um processo pelo qual *algo* nasce do nada?

4. David Chalmers, «Facing Up to the Problem of Consciousness», *Journal of Consciousness Studies*, 2, n.º 3 (1995): 200-219. Ver também Galen Strawson, capítulo 4, *Mental Reality* (Cambridge, MA: MIT Press, 1994): 93-96.

Capítulo 2: Intuições e Ilusões

1. Ap Dijksterhuis e Loran F. Nordgren, «A Theory of Unconscious Thought», *Perspectives on Psychological Science*, 1, n.º 2 (junho de 2006): 95-109; Erik Dane, Kevin W. Rockmann e Michael G. Pratt, «When Should I Trust My Gut?», *Organizational Behavior and Human Decision Processes*, 119, n.º 2 (novembro de 2012): 187-194, https://doi.org/10.1016/j.obhdp. 2012.07.009.

2. Liz Fields, «What Are the Odds of Surviving a Plane Crash?», ABC News, 12 de março de 2014, https://abcnews.go.com/International/odds-surviving-plane-crash/story? id=22886654.

3. Daniel Chamovitz, *What a Plant Knows: a Field Guide to the Senses* (Nova Iorque: Farrar, Straus & Giroux, 2012), 68-69.

4. Gareth Cook, «Do Plants Think?», *Scientific American*, 5 de junho de 2012, https://www.scientificamerican.com/article/do-plants-think-daniel-chamovitz/.

5. Suzanne Simard, «How Trees Talk to Each Other», palestra TED, junho de 2016, www.ted.com/talks/suzanne_simard_how_trees_talk_to_each_other.

6. Nic Fleming, «Plants Talk to Each Other Using an Internet of Fungus», BBC News, 11 de novembro de 2014, http://www.bbc.com/earth/story/20141111-plants-have-a-hidden-internet; Paul Stamets, «6 Ways Mushrooms Can Save the World», palestra TED, março de 2008, https://www.ted.com/talks/paul_stamets_on_6_ways_mushrooms_can_save_the_world.

7. Lauren Goode, «How Google's Eerie Robot Phone Calls Hint at AI's Future», *Wired*, 8 de maio de 2018, https://www.wired.com/story/google-duplex-phone-calls-ai-future; Bahar Gholipour, «New AI Tech Can Mimic Any Voice», *Scientific American*, 2 de maio de 2017, https://www.scientificamerican.com/article/new-ai-tech-can-mimic-any-voice.

8. Por outras palavras, se a consciência vem no final de um fluxo de processamento de informações, o facto de haver uma experiência faz com que o processamento do cérebro que se segue seja diferente? A consciência afeta o cérebro? Ver também Max Velmans, *How Could Conscious Experiences Affect Brains?* (Charlottesville, VA: Imprint Academic, 2002), 8-20.

9. Masao Migita, Etsuo Mizukami e Yukio-Pegio Gunji, «Flexibility in Starfish Behavior by Multi-Layered Mechanism of Self-Organization», *Biosystems*, 82, n.º 2 (novembro de 2005): 107-115, https://doi.org/10.1016/j.biosystems.2005.05.012.

Capítulo 3: Será a Consciência Livre?

1. David Eagleman, *The Brain: The Story of You* (Nova Iorque: Pantheon, 2015), 53.

2. O eletroencefalograma (EEG) é um método não invasivo de registo da atividade elétrica no cérebro através de elétrodos colocados no couro cabeludo.

3. Ver, por exemplo, Chun Siong Soon, Anna Hanxi He, Stefan Bode e John-Dylan Haynes, «Predicting Free Choices for Abstract Intentions», *Proceedings of the National Academy of Sciences*, 110, n.º 15 (abril de 2013) 6217-6222; DOI: 10.1073/pnas.1212218110; Itzhak Fried, Roy Mukamel e Gabriel Kreiman, «Internally Generated Preactivation of Single Neurons in Human Medial Frontal Cortex Predicts Volition», *Neuron*, 69, n.º 3 (fevereiro de 2011): 548-562, https://doi.org/10.1016/j. neurónio.2010.11.045; Aaron Schurger, Myrto Mylopoulos e David Rosenthal, «Neural Antecedents of Spontaneous Voluntary Movement: a New Perspective», *Trends in Cognitive Sciences*, 20, n.º 2 (fevereiro de 2016): 77-79, https://doi.org/10.1016/j.tics.2015.11.003.

4. Citado em Susan Blackmore, *Conversations on Consciousness* (Nova Iorque: Oxford University Press, 2006), 252-253; ver também Daniel Wegner e Thalia Wheatley, «Apparent Mental Causation: Sources of the Experience of Will», *American Psychologist*, 54, n.º 7 (julho de 1999): 480-492.

5. Ver, por exemplo, Daniel Wegner, *The Ilusion of Conscious Will* (Cambridge, MA: MIT Press, 2003), 3-15.

6. Para uma análise mais completa desta questão, ver, por exemplo, Sam Harris, *Free Will* (Nova Iorque: Free Press, 2012).

Capítulo 4: Participação Passiva

1. Kathleen McAuliffe, *This Is Your Brain on Parasites*
   (Boston: HoughtonMifflin Harcourt, 2016), 57-82.

2. McAuliffe, 79.

3. McAuliffe, 25-31.

4. Natalie Angier, «In Parasite Survival, Ploys to Get Help from
   a Host», New York Times, 26 de junho de 2007, https://www.nytimes.
   com/2007/06/26/science/26angi.html.

5. Henry Fountain, «Parasitic Butterflies Keep Options Open with
   Different Hosts», *New York Times*, 8 de janeiro de 2008,
   https://www.nytimes.com/2008/01/08/science/08obmimi.html.

6. Mary Bates, «Meet 5 "Zombie" Parasites That Mind-Control Their
   Hosts», *National Geographic*, 2 de novembro de 2014, https://news.
   nationalgeographic.com/news/2014/10/141031-zombies-parasites-
   animals-science-animais-halloween/.

7. Melinda Wenner, «Infected with Insanity», *Scientific American Mind*,
   maio de 2008, 40-47, https://www.scientificamerican.com/article/
   infected-with-insanity/.

8. «PANDAS – Questions and Answers», Instituto Nacional de Saúde
   Mental, Publicação NIH n.º OM 16-4309, setembro de 2016,
   https://www.nimh.nih.gov/saúde/publicações/pandas/pandas-qa-
   508_01272017_154202.pdf.

9. David Chalmers, *The Conscious Mind* (Nova Iorque: Oxford University
   Press, 1996), 198-199.

Capítulo 5: Quem Somos?

1. Kathleen A. Garrison *et al.*, «Meditation Leads to Reduced Default Mode Network Activity Beyond an Active Task», *Cognitive, Affective & Behavioral Neuroscience*, 15, n.º 3 (setembro de 2015): 712, https://doi.org/10.3758/s13415-015-0358-3; Judson A. Brewer *et al.*, «Meditation Experience Is Associated with Differences in Default Mode Network Activity and Connectivity», *Proceedings of the National Academy of Sciences*, 108, n.º 50 (13 de dezembro de 2011): 20254-20259, https://doi.org/10.1073/pnas.1112029108.

2. Robin Carhart-Harris *et al.*, «Neural Correlates of the LSD Experience Revealed by Multimodal Imaging», *Proceedings of the National Academy of Sciences*, 113, n.º 17 (26 de abril de 2016): 4853-4858, https://doi. Org/10.1073/pnas.1518377113.

3. Ian Sample, «Psychedelic Drugs Induce "Heightened State of Consciousness", Brain Scans Show» *The Guardian*, 19 de abril de 2017, https://www.theguardian.com/science/2017/apr/19/brain-scans-reveal-mind-opening-response-to--psychedelic-drug-trip-lsd-ketamine-psilocybin.

4. Michael Pollan, *How to Change Your Mind* (Nova Iorque: Penguin Press, 2018), 304-305.

5. Erin Brodwin, «Why Psychedelics like Magic Mushrooms Kill the Ego and Fundamentally Transform the Brain», *Business Insider*, 17 de janeiro de 2017, https://www.businessinsider.com/psychedelics-depression-anxiety-alcoholism-mental-illness-2017-1.

6. Pollan, *How to Change Your Mind*, 305.

7. Brodwin, «Why Psychedelics like Magic Mushrooms Kill the Ego and Fundamentally Transform the Brain».

8. Michael Harris, «How Conjoined Twins Are Making Scientists Question the Concept of Self», *The Walrus*, 6 de novembro de 2017, https://thewalrus.ca/how-conjoined-twins-are-making-scientists-question-the-concept-of-self/.

9. Andrew Olendzki, *Untangling Self* (Somerville, MA: Wisdom Publications, 2016), 2. Olendzki continua na página 3: «Não existe nada com uma identidade intrínseca. Há apenas os rótulos que decidimos referir às coisas: nuvens, gotas de chuva, poças. Todas as pessoas, lugares e coisas são meramente nomes que damos a certos padrões que chamamos do fluxo incessante de eventos naturais interdependentes. Porque é que os seres humanos são diferentes disto?... Certamente, o «Joe» é apenas algo que ocorre quando as condições se proporcionam, e o Joe já não ocorre quando essas condições mudam o suficiente. (…) O Joe vive sob certas condições; quando as condições de apoio à vida do Joe já não ocorrem, o Joe já não estará a viver. Ele não é o tipo de coisa que pode *ir para* outro lugar (para o céu ou para outro corpo, por exemplo), exceto talvez no sentido mais abstrato da reciclagem dos seus componentes constituintes. Tudo isto é tão natural como uma tempestade no verão.»

10. A invenção do BrainPort pertence a uma empresa chamada Wicab, com sede no Wisconsin.

11. Eagleman, *The Brain: The Story of You*, 187.

12. David Eagleman, «Can We Create New Senses for Humans?», palestra TED, março de 2015, https://www.ted.com/talks/david_eagleman_can_we_create_new_senses_for_humans.

13. Ver Olaf Blankee, «Out-of-body Experience: Master of Illusion», *Nature*, 480, n.º 7376 (7 de dezembro de 2011), https://www. nature.com/news/out-of-body-experience-master-of-illusion-1.9569; Ye Yuan e Anthony Steed, «Is the Rubber Hand Illusion Induced by Immersive Virtual Reality?», em *IEEE Virtual Reality 2010 Proceedings*, eds. Benjamin Lok, Gudrun Klinker e Ryohei Nakatsu (Piscataway, NJ: Institute of Electrical and Electronics Engineers, 2010), 95-102.

14. Anil Seth, «Your Brain Hallucinates Your Conscious Reality», palestra TED, abril de 2017, https://www.ted.com/talks/anil_seth_how_your_brain_hallucinates_your_conscious_reality.

15. Ver, por exemplo, Iain McGilchrist, *The Master and His Emissary* (New Haven, CT: Yale University Press, 2009).

16. Christof Koch, *The Quest for Consciousness* (Englewood, CO: Roberts & Company, 2004), 287-294.

17. Koch, 292.

18. Michael Gazzaniga, «The Split Brain Revisited,» *Scientific American*, julho de 1998, 54.

19. McGilchrist, *Master*, 220-221.

Capítulo 6: A Consciência Está em Todo o Lado?

1. O *Oxford English Dictionary* define o pampsiquismo como «a teoria de crença de que existe um elemento de consciência em toda a matéria». Ver também *Stanford Encyclopedia of Philosophy*, s.v. «panpsychism», revisto a 18 de julho de 2017, https://plato.stanford.edu/entries/panpsychism/.

2. Philip Goff, «Panpsychism Is Crazy, but It's Also Most Probably True», *Aeon*, 1 de março de 2017, https://aeon.co/ideas/panpsychism-is-crazy-but-its-also- probably-true. Goff apresenta um forte argumento a favor de uma visão do pampsiquismo neste artigo e noutros locais, mas muitos discordam (eu incluída) quando defende a hipótese exposta no seu ensaio sobre «cosmopsiquismo» («Is the Universe a Conscious Mind?», *Aeon*, 8 de fevereiro de 2018, https://aeon.co/essays/cosmopsychism--explica-why-the-universe-is-fine-tuned-for-life), de que «o Universo é consciente e (…) a consciência dos seres humanos e dos animais não

deriva da consciência das partículas fundamentais, mas da consciência do próprio Universo» – um Universo que, especula Goff, é um agente «consciente das consequências das suas ações». O argumento parece-me ter falhas, e o próprio Goff teve uma mudança de opinião, sobre a qual escreveu um *post* no blogue a 24 de abril de 2018: https://conscienceandconsciousness.com/2018/04/24/a-change-of-heart-on-fine-tuning/.

3. David Chalmers, «Strong and Weak Emergence», em *The Re-Emergence of Emergence: The Emergentist Hypothesis from Science to Religion*, eds. Philip Clayton e Paul Davies (Nova Iorque: Oxford University Press, 2008).

4. David Skrbina, *Panpsychism in the West* (Cambridge, MA: MIT Press, 2017), 189-190. Galen Strawson chega também à conclusão de que «não há uma emergência radical». Ver «Physicalist panpsychism», de Susan Schneider e Max Velmans, eds., *The Blackwell Companion to Consciousness*, 2.ª ed. (Hoboken, NJ: Wiley-Blackwell, 2017), pp. 384-385.

5. Skrbina, *Panpsychism in the West*, 194-195.

6. David Chalmers diferencia entre «emergência fraca» e «emergência forte». Ao descrever a emergência fraca, ele diz: «As propriedades "emergentes" são de facto dedutíveis (talvez com grande dificuldade) das propriedades de baixo nível, talvez em conjunção com o conhecimento das condições iniciais, pelo que a emergência forte (na forma de consciência) não está aqui em jogo» (Chalmers, «Strong and Weak»).

7. Galen Strawson, «The Consciousness Deniers», *NYR Daily* (blogue), *New York Review of Books*, 13 de março de 2018, https://www.nybooks.com/daily/2018/03/13/a consciência-deniers/.

8. Blackmore, *Conversations on Consciousness*, 28.

9. Paradoxalmente, parece-me que declarar a consciência como sendo uma ilusão está apenas a um passo de afirmar que tudo é potencialmente consciente.

10. Galen Strawson, «Physicalist panpsychism», em Schneider and Velmans, eds., *The Blackwell Companion to Consciousness*, pp. 376-384.

11. V. S. Ramachandran, *The Tell-Tale Brain* (Nova Iorque: W. W. Norton, 2011), 248.

12. Peter Hankins, «Francis Crick», *Conscious Entities* (blogue), 9 de agosto de 2004, http://www.consciousentities.com/crick.htm. Ver também Francis Crick, *The Astonishing Hypothesis* (Nova Iorque: Simon & Schuster, 1995), cap. 17.

13. «Zap and zip» é baseado no trabalho da teoria integrada da informação (IIT) de Giulio Tononi. Ver Giulio Tononi *et al.*, «Integrated Information Theory: From Consciousness to Its Physical Substrate», *Nature Reviews Neuroscience*, 17, n.º 7 (julho de 2016): 450-461, https://www.nature.com/articles/nrn.2016.44.

14. Christof Koch, «How to Make a Consciousness Meter», *Scientific American*, novembro de 2017, 28-30.

15. Steve Paulson, «The Spiritual, Reductionist Consciousness of Christof Koch», *Nautilus*, 6 de abril de 2017, http://nautil.us/issue/47/consciousness/the-spiritual-reductionist-consciousness-of-christof-koch.

16. *Ibid.*

17. Chalmers, *Conscious Mind*, 294-295.

18. Mesmo admitindo que faz sentido ver a consciência como uma função que evoluiu para ajudar à sobrevivência, a ideia de que um sistema físico poderia desenvolver uma propriedade que é tão pouco material sugere-me que a consciência esteve sempre presente como uma propriedade pronta a ser utilizada pelo sistema físico – o que nos traz de volta ao mesmo ponto, ou seja, a uma versão de pampsiquismo.

19. Adam Frank, «Minding Matter», *Aeon*, 13 de março de 2017, https://aeon.co/essays/materialism-alone-cannot-explain-the-riddle-of-consciousness.

20. Skrbina, *Panpsychism*, 9, 17.

21. *Ibid.*, 235-236.

22. Gregg Rosenberg, «Rethinking Nature: a Hard Problem within the
Hard Problem», em *Explaining Consciousness: The «Hard Problem»*,
ed. Jonathan Shear (Cambridge, MA: MIT Press, 1997), 287-300.

Capítulo 7: Para além do Pampsiquismo

1. Rebecca Goldstein, comunicação pessoal com a autora, 16 de março de
2018.

2. Galen Strawson, «Consciousness Isn't a Mystery. It's Matter», *New York
Times*, 16 de maio de 2016, https://www.nytimes.com/2016/05/16/opinion/
consciousness-isnt-a-mystery-its-matter.html. Ver também
Galen Strawson, «Consciousness Never Left», em K. Almqvist e
A. Haag, eds., *The Return of Consciousness: a New Science on Old Questions* (Estocolmo: Ax:son Johnson Foundation, 2017): 87-103. Strawson e
outros também preferem tratar o mistério em termos de porque é que
a consciência existe, ao contrário de o que é. Eu própria tenho
andado para trás e para a frente sobre como formular o mistério.
O problema que tenho em colocar a questão em termos de porquê é
o seu tom religioso. Também evita o «problema difícil» ao provocar
a resposta pronta: «Bem, claro que a razão pela qual estamos conscientes é porque os nossos neurónios estão a fazer esta coisa especial que
nos leva a estar conscientes.» No entanto, quando digo isto em termos
de *o que*, quero dizer: «O que causa a consciência? Qual é a explicação
geral?» A pergunta «o quê?» também abre mais facilmente a mente das
pessoas a todas as seguintes questões: a consciência é intrínseca à
matéria? De onde é que ela vem? O que é exatamente?

3. Skrbina, *Panpsychism*, 260.

4. *Stanford Encyclopedia of Philosophy*, s.v. «panpsychism»,
https://plato.stanford.edu/entries/panpsychism/#OtheArguForPanp.

5. David Chalmers, «The Combination Problem for Panpsychism», em *Panpsychism: Contemporary Perspectives*, eds. Godehard Bruntrup e Ludwig Jaskolla (Nova Iorque: Oxford University Press, 2003).

6. Ver também William Hirstein, *Mindmelding: Consciousness, Neurocience, and Mind's Privacy* (Nova Iorque: Oxford University Press, 2012).

7. Um exemplo que se inclui nesta categoria é uma nova teoria que Donald Hoffman está a desenvolver, chamada «realismo consciente». A sua teoria assenta na ideia de que, enquanto a evolução seleciona a aptidão nos organismos, não seleciona as perceções que nos apresentam a verdade sobre a natureza fundamental da realidade. De acordo com o trabalho de Hoffman, para que a evolução por seleção natural selecione efetivamente para a sobrevivência, deve na realidade selecionar contra a perceção da realidade tal como ela é. Portanto, tudo o que percecionamos, incluindo o espaço e o tempo, é uma visão incorreta da realidade fundamental em que existimos. Hoffman argumenta, portanto, que os componentes fundamentais da realidade não podem ser descritos em termos de matéria física no espaço-tempo, mas devem ser uma forma de consciência com sistemas em interação, que ele designou por «agentes conscientes». Quer a teoria atual de Hoffman esteja ou não correta, o seu trabalho é cientificamente rigoroso e oferece uma linha de pesquisa promissora, que pelo menos nos pode ajudar a consolidar uma posição onde, de outra forma, não teríamos qualquer esperança de ganhar terreno – e, entretanto, ele está, esperemos, a ir contra os limites das nossas intuições e a expandir as possibilidades do modo como estamos dispostos a pensar sobre o Universo. Ver Donald Hoffman, *The Case Against Reality: Why Evolution Hid the Truth from Our Eyes* (Nova Iorque: W. W. Norton & Company, 2019).

8. Anil Seth, «Conscious Spoons, Really? Pushing Back against Panpsychism», *NeuroBanter* (blogue), 1 de fevereiro de 2018, https://neurobanter.com/2018/02/01/conscious-spoons-really-pushing-
-back-against- panpsychism/.

9. Rebecca Goldstein, «Reduction, Realism, and the Mind» (dissertação de doutoramento, Universidade de Princeton, 1977), com o acréscimo de uma comunicação pessoal com a autora, 16 de março de 2018.

10. Murray Shanahan, «Conscious Exotica: From Algorithms to Aliens, Could Humans Ever Understand Minds That Are Radically Unlike Our Own?», *Aeon*, 19 de outubro de 2016, https://aeon.co/essays/beyond-humans-what-other-kinds-of-minds-might-be-out-there.

Capítulo 8: Consciência e Tempo

1. Fui treinada por Susan Kaiser Greenland para ensinar meditação *mindfulness* a crianças e sou voluntária para a fundação Inner Kids, na Gronelândia, desde 2005. Ver https://www.susankaisergreenland.com.

2. Dean Buonomano, *Your Brain Is a Time Machine* (Nova Iorque: W. W. Norton, 2017), 216.

3. John A. Wheeler, «Law Without Law», em *Quantum Theory and Measurement*, eds. John A. Wheeler e Wojciech H. Zurek (Princeton, NJ: Princeton University Press, 1984), 182-213.

4. Vincent Jacques *et al.*, «Experimental Realization of Wheeler's Delayed-Choice Gedanken Experiment», *Science*, 315, n.º 5814: 966-968, 16 de fevereiro de 2007, https://doi.org/10.1126/science.1136303.

5. Rob Reid e Donald Hoffman, «The Case against Reality», *After On* *(podcast)*, episódio 26, 30 de abril de 2018; ver também John A. Wheeler, «Law Without Law», 190.

6. Ramachandran, *The Tell-Tale Brain*, 249.

ÍNDICE REMISSIVO

Lumine-se!

Lumine-se!

Lumine-se!

Lumine-se!

Lumine-se!

Lumine-se!

9 789898 953910 59